일본 최고 셰프 5인의 신감각 미식 탐구

해산물 가스트로노미

[*Sea Gastronomy*]

pesceco [TAKAHIRO INOUE] / *restaurant sola* [HIROKI YOSHITAKE]

restaurant uozen [KAZUHIRO INOUE] / *simplicité* [KAORU AIHARA] / *zurriola* [SEIICHI HONDA]

옮긴이 용동희

GREENCOOK

시작하며

「일본 고유의 가스트로노미」를 표현하는 데 있어서,
해산물은 최고의 콘텐츠입니다.

바다로 둘러싸여 있고 산과 강이 있어서,
사계절 다채로운 해산물을 맛볼 수 있습니다.
계절마다 제철 해산물을 즐기는 문화,
해산물의 신선도와 품질을 평가하는 발달된 미각,
좀 더 맛있게 먹기 위해 발전한 유통 및 조리 기술.
일식이 아니더라도 이처럼 요리에 유리한 조건을
놓칠 수는 없습니다.

요리의 장르나 틀에 박힌 표현에 구애받지 않으며,
해산물 그 자체와 마주하고,
일본 특유의 감성을 살려서 그 개성을 깊이 파고들면,
어떤 조리 방법으로 어떤 맛을 만들어낼 수 있을까.

일본에서 전파하는 신감각 해산물 가스트로노미.
지금 가장 주목받는 최고의 해산물 전문 셰프 5명이
그들의 철학과 요리를 소개합니다.

CONTENTS

PROLOGUE
해산물에 초점을 맞추다

010 TAKAHIRO INOUE

012 HIROKI YOSHITAKE

014 KAZUHIRO INOUE

016 KAORU AIHARA

018 SEIICHI HONDA

003 시작하며

007 이 책을 보는 방법

     레시피를 볼 때 주의할 점

     용어 해설

205 상세 레시피

1

이노우에 다카히로 / 페시코

TAKAHIRO INOUE
pesceco

023 멸치젓과 고구마 타르틀레트

025 물결처럼 퍼지는 풍미_쑤기미와 쌀 샐러드

027 간바 「가메타키」

029 겨울 밭에서_시금치와 털탑고둥

031 게살 소면

033 굴과 당근

035 보리새우 라비올리

037 오징어와 홍심무

039 성게와 밭미나리 라비올리

041 초여름 밭에서_주키니와 쥐치 샐러드

043 문어 꽃다발

045 보리새우 초목찜

047 Fish & Ham

049 산과 바다_바위굴

051 오징어 소면

053 점수구리

055 흑대기와 유채

057 전복

2

요시타케 히로키 / 레스토랑 솔라

HIROKI YOSHITAKE
Restaurant Sola

061 순무와 꽃게

063 흰꼴뚜기와 셀러리악

065 굴과 배추

067 은밀복과 순무

069 이리 리솔레

071 연어알 스틱

073 방어햄과 황금순무

075 송아지와 가리비

077 붕장어와 푸아그라

079 보리새우와 해가리비, 은행 튀김, 바바루아

081 왕우럭조개, 홍합, 바지락

083 랍스터, 라디치오, 화이트 아스파라거스

085 가리비, 스트라차텔라, 초록사과

087 연어, 빨간 피망, 노란 파프리카

089 문어, 토마토, 생햄, 치즈

091 화살꼴뚜기와 노란 주키니

093 도도바리와 만간지고추

095 참치와 여름채소

3

이노우에 가즈히로 / 레스토랑 우오젠

KAZUHIRO INOUE
Restaurant UOZEN

099 털게, 버터넛 스쿼시

101 화살꼴뚜기 타르타르

103 사도 굴 아이스크림

105 아귀 프로마주 드 테트

107 사도 모란새우 돌가마구이, 번 크림

109 사도 명주매물고둥, 자연산 땅두릅

111 산천어와 염소젖 세르벨 드 카뉘

113 뱅어, 고수, 사도 굴

115 홍송어와 산채 갈레트

117 산채와 참돔 바푀르

119 참치 트리파 브로셰트

121 은어 비스크

123 바위굴, 유바

125 북쪽분홍새우, 다시마, 옥살리스,
    고시히카리 샐러드

127 창꼴뚜기 돌가마구이, 완두 프랑세즈

129 광어 돌가마구이,
    발효 토마토, 머위 꽃줄기 피클

131 사도 전복 시베

4

아이하라 가오루 / 산플리시테

KAORU AIHARA
Simplicité

135 이리와 오징어 먹물

137 훈제 정어리

139 이카메시

141 도다리와 카레

143 게와 아미노산

145 삼치와 돼지감자

147 복어와 백합뿌리

149 작은 화살꼴뚜기와 땅두릅

151 굴

153 시라스와 화이트 아스파라거스

155 4년산 가리비

157 보리새우 소금가마구이

159 소라 부르기뇽

161 붕장어와 오이

163 까막전복과 블랙 트러플

165 자바리 앙슈아야드

167 삼치, 바지락, 파래

169 갈치 뫼니에르

5

혼다 세이이치 / 수리올라

SEIICHI HONDA
ZURRIOLA

173 정어리 코카

175 부드럽게 삶은 문어 먹물칩과 피키요 고추 크레마

177 브란다다 부뉴엘로

179 아귀 간 콩피타도 카피르 라임 머랭

181 찬구로 수플레

183 매오징어와 갈색 양파 플랑 그릴 양파 콩소메

185 부티파라 네그라를 채운 화살꼴뚜기
    걸쭉한 먹물 소스

187 가다랑어 아 라 브라사

189 랍스터 쿠라도

191 아몬티야도로 찐 모란새우
    모란새우와 소브라사다 에멀션

193 라드향을 입힌 랑구스틴_따뜻한 비나그레타

195 장어 숯불구이와 아로스 아 반다

197 실꼬리돔 플란차
    사프란 콩소메, 판체타와 창꼴뚜기를 채운 주키니꽃

199 고토열도의 자연산 자바리 아도바도

201 홋카이도산 홍살치 수켓

203 옥돔 비늘 구이 카레 풍미 바스크 시드라 소스

이 책을 보는 방법

- 이 책에서 소개하는 「해산물요리」에는 아뮤즈(스타터), 전채, 그리고 여러 가지 생선요리가 포함된다.
- p.20~203에서는 각 요리의 과정 사진과 함께 만드는 방법을 간단하게 요약 및 정리하였다. 상세 레시피는 p.204~255에 실었다.

레시피를 볼 때 주의할 점

- p.204~255의 상세 레시피에 표시된 재료의 분량, 불세기, 가열 시간은 어디까지나 참고용이다. 사용하는 식재료, 한 번에 만드는 분량, 도구 등에 따라 달라지므로, 실제 상황에 맞게 조절해야 한다.
- 밑간용 소금이나 튀김유 등은 재료 목록에 따로 표시하지 않은 경우도 있다.
- 버터는 특별한 언급이 없으면 무염버터를 사용한다.
- 생크림 옆에 표시된 %는 유지방 함유량을 의미한다.
- 필요한 경우 원어로 재료의 제품명을 표기하였다.
- 복어는 반드시 자격을 갖춘 전문가가 조리해야 한다.

용어 해설

- 3장뜨기_ 생선의 머리를 떼고, 등뼈를 따라 칼집을 내서 2조각의 살과 뼈로 분리하는 방법.
- 가룸(Garum)_ 안초비 액젓.
- 루이유(Rouille)_ 마늘, 향신료, 감자, 올리브오일 등을 갈아서 만든 프로방스식 마요네즈.
- 블랑시르(Blanchir)_ 살짝 데치는 것.
- 소프리토(Sofrito)_ 양파, 마늘, 토마토 등을 볶아서 만든 양념.
- 쉬에(Sur)_ 재료의 수분이 밖으로 배어나오게 가열하는 방법.
- 신케지메[神経締め]_ 살아있는 생선의 척수에 철심 등을 꽂아 신경을 망가뜨려 생선의 맛과 선도를 유지하는 방법.
- 이케지메[活け締め]_ 살아있는 생선의 뇌를 찔러 즉사시켜, 생선의 맛과 선도를 유지하는 방법.
- 쥐(Jus)_ 재료를 가열하여 얻는 육즙.
- 포셰(Pocher)_ 약하게 끓는 액체에 데쳐서 익히는 것.
- 퐁 드 볼라유(Fond de volaille)_ 닭 육수
- 푸알레(Poêlée)_ 팬에 오일이나 버터 등을 두르고 재료를 올려, 겉은 바삭하고 속은 폭신하게 익히는 조리 방법.
- 퓌메(Fumet)_ 생선이나 고기를 삶은 국물.
- 필레(Filet)_ 생선의 살만 잘라낸 긴 덩어리.

해산물에
초점을 맞추다

5명의 셰프가 들려주는

해산물에 초점을 맞추는 방법.

각자의 시각, 철학, 요리의 기본 콘셉트를 들어본다.

이곳에서만 맛볼 수 있는, 「로컬 푸드」를 추구한다

이른 아침, 시마바라[島原] 항구에 생선이 들어온다. 아침 6시쯤 생선가게를 운영하는 아버지의 도움으로 생선을 구입하고, 농가에 들러 채소를 산다. 그렇게 하루를 시작한다. 먼저 식재료를 본 뒤 오늘의 코스 메뉴를 정하고, 생선의 특징과 메뉴 순서를 생각하면서 밑손질 순서를 머릿속으로 정리한다. 레스토랑 옆 아버지 가게에서 순서대로 활어를 손질하고, 신케지메 등의 밑손질을 한 뒤, 바로 레스토랑 주방으로 옮겨서 손질을 계속한나. 그리고 12시 오픈 서비스로, 손님 눈앞에서 1가지씩 요리를 완성한다. 이것이 매일의 루틴이다.

수조에 보관하지 않고, 숙성시키지 않는다

처음 가게를 열었을 때는 이탈리안 요리가 콘셉트였지만, 지금은 특정 스타일을 고집하지 않고 느끼는 대로 이 지역의 자연이 선사하는 식재료를 접시 위에서 표현하고 있다. 이곳 시마바라에 오지 않으면 맛볼 수 없는 것은 무엇일까, 이것이 발상의 출발점이다. 그리고 아직 자연의 숨결이 느껴지는, 아침에 잡은 생선과 채소를 사용하는 것이 기본이다.

물론 생선의 경우 신선함이 맛의 전부는 아니다. 일본에는 생선을 숙성시켜 감칠맛을 증가시키는 문화도 있다. 하지만 여기서 지향하는 것은 그것이 아니다. 생선의 사후경직이 일어나기 전, 다시 말해 바다에 있던 상태에 가장 가까운 향과 식감을 전달하고 싶기 때문이다. 그래서 그날 잡은 생선만 사용한다. 미리 주문해서 보관하지 않은, 즉 수조 안에 오래 두거나 얼음에 재우지 않은, 신선한 풍미의 생선을 고집한다.

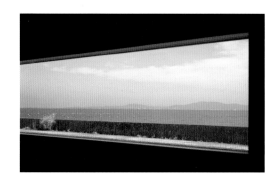

pesceco

—

TAKAHIRO INOUE

이노우에 다카히로

나가사키[長崎]현 출생. 본가는 생선가게를 운영한다. 조리사학교를 졸업한 뒤 배낭을 메고 일본과 해외 여러 나라를 여행하였다. 23살에 아버지의 생선가게 옆에 이자카야를 열었고, 2014년 독립하여 당시 유행하던 「지방 이탈리안」 스타일의 〈페시코〉를 개업하였다. 그 뒤 경험을 쌓으며 새롭게 방향을 정비하여, 2018년 가게 이전을 계기로 이탈리안 요리 대신 「사토하마[里浜] 가스트로노미」로 콘셉트를 전환하였다. 장르에 얽매이지 않고 「지역 식재료를 사용하여, 그 지역에서만 맛볼 수 있는 요리」를 추구한다.

페시코
長崎県 島原市 新馬場町 223-1
Tel. 0957-73-9014
https://pesceco.com

왼쪽_ 생선 손질은 시간 싸움이
어서, 때로는 레스토랑 옆 생선
가게와 주방을 몇 번씩 왔다갔다
한다.
가운데+오른쪽 위_ 채소를 사기
위해 여름에는 5시 반 정도, 겨
울에는 서리가 녹은 뒤인 8시쯤
밭에 나간다.
오른쪽 아래_ 생선가게의 포렴.
4살짜리 셋째 아들이 쓴「魚」자
이다. 그것을 보고「생선 = 산,
밭, 바다에서 태어난다」라고 다
시 인식하게 되었다.

참고로 내장 속 먹이가 소화될 때까지는 수조에서 살려 두는 것이 좋다는 의견도 있는데, 냄새가 생선살에 배어들기 전에 처리하면 문제없다. 단, 그러기 위해서는 물과 속도가 중요하다. 생선을 이케지메한 뒤 즉시 내장을 제거하고, 바로 물로 씻어서 물기를 닦아낸다. 그리고 최대한 빨리 3장뜨기한다. 물 세척은 중요하지만, 무턱대고 물을 사용하면 생선살이 수분을 흡수한다. 우리가 사용하는 물의 양은 다른 생선가게보다 훨씬 적다. 어느 단계든 물은 최소한만 사용하고, 그리고 완벽하게 닦아낸다. 이를 위해 3종류의 종이(빠르게 물기를 흡수하는 신문용 백지, 껍질이나 살에 상처를 내지 않는 키친타월, 물기를 좀 더 완벽하게 제거할 수 있는 두툼한 키친타월)를 구분해서 사용한다.

갓 손질한 생선은 맛이 약하기 때문에, 각각의 생선에 알맞은 방법으로 소금을 뿌리고 일정 시간 동안 감칠맛을 끌어낸다. 그 양과 시간을 조절하는 것이 마지막 열쇠다. 같은 생선이라도 계절에 따라 먹이가 바뀌어 향이 다르거나, 오늘 잡은 생선의 내장이 다른 때보다 클 때도 있는 등, 여러 가지 차이가 있다. 눈앞에 있는 생선의 개성을 이해하고, 그것을 살리면서 감칠맛을 끌어내는 방법과 요리방법을 순간적으로 판단한다. 지역 어종을 대상으로 같은 루틴을 반복하기 때문에 보이는 것, 느끼는 것이 있다. 거기에서 요리의 영감이 샘솟는다.

일본 요리와는 다른 논리로, 일본 생선의 맛을 탐구한다

생선의 자연스러운 풍미를 살리기 위해 간은 기본적으로 심플하다. 특히 날것의 식감을 즐기는 전채는, 유지류로 생선의 향을 살리고 액젓으로 감칠맛을 끌어올린다. 그리고 식초나 감귤 등의 신맛을 살짝 더해 밸런스를 잡는 방법을 많이 사용한다.

나의 요리에는 생선 손질법을 비롯하여 누룩과 액젓을 사용하는 등 일본의 식문화를 많이 이용한다. 하지만 일본 요리는 아니다. 혼합도 아니다. 일본 요리에는 그만의 확고한 논리가 있다. 그것과는 다른 논리로「일본 생선의 맛」을 탐구하는 요리라는 표현이 가장 가깝다. 거기에 일본만의 특별한 가스트로노미의 가능성이 있다.

예전에는 농가에 이탈리아 채소를 재배해달라고 부탁했다. 에샬로트도 좋고, 화이트 아스파라거스도 사용하고 싶었다. 하지만 지금의 루틴으로 바꾸고 날마다 밭을 다녀보니, 이 땅에서 나는 채소를 사용해야겠다는 생각으로 바뀌었다. 이 땅에서 나는 식재료나 문화에 대한 책임감도 느끼게 되었다.

아마도 앞으로는 가스트로노미라는 단어가 나타내는 세계관도 달라질 것이다. 그것은 사람의 마음을 풍요롭게 만들지만, 맛을 위해서라면 사람도, 식재료도, 환경도 기꺼이 희생을 감수해야 한다는 모순을 내포하기도 한다. 하지만 지금은 이런 모순을 외면할 수 있는 시대가 아니다. 내가 바라는 것은 나의 요리로 손님이 기뻐하고, 생산자가 기뻐하며, 지역이 윤택해지고, 이 땅의 자연과 문화가 이어져가는 것이다. 현지인에게는 익숙한 생선과 채소라도 이것을 접시 위에서 빛나게 함으로써 세계 각지에서 사람들이 찾아온다면, 우리들의 가스트로노미가 된다.

내가 신뢰하고 나를 신뢰하는 어업, 농업, 낙농, 양돈, 육가공품 생산자들과의 관계를 통해, 서로 영향을 주고받으면서 요리가 탄생한다는 것을 실감한다. 이런 관계를 발전시켜 나가고 싶다.

Restaurant Sola

HIROKI YOSHITAKE

요시타케 히로키

사가[佐賀]현 출생. 조리사학교를 졸업한 뒤 도쿄 시부야의 〈라 로셸(La Rochelle)〉에서 경험을 쌓았다. 그 뒤로 1년 동안 40개국 정도를 여행하고, 파리의 〈아스트랑스(Astrance)〉 근무와 싱가포르 개업을 거쳐, 2010년 30살에 파리에서 〈레스토랑 솔라〉를 열고 이듬해 미쉐린 별을 획득하여 주목을 받았다. 2018년 일본으로 거점을 옮겨, 12월 후쿠오카 하카타항에 지금의 가게를 열었다. 푸드랩을 병설하여 메뉴 개발과 케이터링, 판매사업을 아우르는 〈솔라 팩토리〉라는 이름으로 외식 사업을 하고 있다.

레스토랑 솔라
福岡県 福岡市 博多区 築港本町 13-6
베이사이드 프레이스 博多 C館 2F
Tel. 092-409-0830
https://sola-factory.com

직관적으로 맛보고 즐길 수 있는, 「알기 쉬운 맛」을 추구한다

파리 활동을 매듭짓고, 하카타항을 마주하고 있는 건물에서 솔라 팩토리를 시작한 지 4년째이다. 처음부터 추구한 것은 바다가 보이는 장소에서 사람들이 요리와 술을 둘러싸고 있는 즐거운 테이블을 만드는 것이다. 그런 레스토랑의 힘을 통해 음식과 사회, 일본과 아시아를 잇는 허브 같은 존재를 만드는 것이 꿈이었다. 2022년에는 독립 연구소도 완성되어, 케이터링 등의 사업도 본격적으로 시작하였다.

「지금, 이곳에서만 맛볼 수 있는 것」을, 어떻게 표현할까?

레스토랑 메뉴는 코스 1가지로, 작은 아뮤즈 부시(Amuse Bouche)까지 포함해 10개 정도의 요리로 구성되어 있다. 파리에 있을 때보다 해산물의 비중을 늘려서 전체의 80% 정도가 해산물요리인데, 해산물요리이지만 규슈 지역의 「해산물과 채소」가 주요 테마다.

파리 시절부터 「알기 쉬운 맛」을 추구해왔지만, 후쿠오카에 와서 한층 더 강하게 의식하고 있다. 해변 레스토랑이기 때문에 편안하게 힐링하고 직관적으로 맛을 느끼는 것이 가장 중요하다. 해산물은 대부분 장작불, 숯불, 철판을 사용하여 조리한다. 바다냄새와 구이의 고소한 향이 잘 어울리며, 불꽃이 보이는 광경도 「지금, 이곳에서만 맛볼 수 있는」 분위기와 맛을 선사한다. 숯과 장작을 모두 사용할 수 있는 화로대는, 개업할 때 난부텟키[南部鉄器, 이와테현에서 생산되는 철기] 제조사에 특별 주문한 것이다.

장작불은 잉걸불로 천천히 굽는 것이 아니라 「불꽃을 일

왼쪽_ 난부텟키로 만든 장작·숯 불가마. 서랍식 화로에 열원을 넣는다.
가운데_ 장작은 2017년 후쿠오카현 아사쿠라[朝倉]시에서 호우로 인해 쓰러진 나무를 활용한다.
오른쪽 위_ 테라스에서는 플랜터를 이용해 채소와 허브를 재배한다.
오른쪽 아래_ 같은 시설 다른 동에 있는 푸드랩. 판매와 케이터링 등을 담당한다.

으키고, 장작의 향을 입히면서 빠르게 굽는」 방법을 사용한다. 불꽃의 에너지 자체는 약하기 때문에, 필요하면 미리 초벌구이한다. 즉, 첨단기구도 포함된 현대적인 가열은 뒤에서 하고, 앞에서는 요리사의 감각이 승패를 좌우하는 원초적인 방식으로 가열하는 스타일이다. 세계적으로 장작이나 숯을 이용한 요리가 유행하고 있는데, 결국 첨단기술을 잘 사용해 정확도와 가능성을 높이는 부분, 그리고 「사람」의 감성이 지배하는 부분의 하이브리드가, 앞으로의 가스트로노미에서 중요한 방향성이 될 것이다. 요리와 경영 모두 두 가지 극의 융합과 균형을 추구하고자 한다.

사용하는 채소는 후쿠오카시에서 가까운 이토시마[糸島]시에서 재배한 것이다. 맛이 진하고 강렬해서 해산물에 잘 어울린다. 장작이나 숯으로 구우면 풍미가 더욱 강해지고, 구운 가지와 파프리카 등은 이탈리아의 가니시처럼 파워풀하다. 규슈의 기후가 이탈리아와 비슷하기 때문일지도 모른다. 후쿠오카에 온 뒤로 특히 여름철에는, 요리도 이탈리안 요리에 살짝 가까워지는 느낌이다. 해산물도 후쿠오카 부근에서 잡히는 것 중심인데, 반드시 현지 해산물만 사용하는 것은 아니다. 「지산지소(地産地消, 지역에서 생산된 농산물을 지역에서 소비한다는 의미)」를 추구하면 요리가 즐겁지 않기 때문이다.

프렌치 요리를 하는 사람으로서 푸아그라나 랍스터의 맛을 아는 이상, 그것을 사용하고 싶다는 생각도 요리의 원동력이 된다. 해외와 현지의 식재료를 조합하여 탄생하는 요리에 대한 호기심도 중요하다. 여러 가지 균형을 고려해 적합하다면 밀리서 온 식재료도 사용한다.

참고로 이토시마의 채소를 고른 이유는 맛있기 때문이다. 생산자에게 열정이 있고, 그 열정을 응원하고 싶기 때문이기도 하다. 단순히 거리로 선을 긋는 것이 아니라, 응원해야 할 것을 응원한다는 심플한 자세다.

레스토랑, 케이터링, 이벤트, 통신판매로 「食」을 풍성하게 만든다

식문화의 지속 가능성을 고민하는 것도 우리의 행동 지침 중 하나다. 해산물 중심의 요리이기 때문에 수산자원 문제는 항상 염두에 두고 있다. 하지만 알면 알수록 개인이 할 수 있는 일의 한계를 절실히 느끼는 것도 사실이다. 멀리서 찾지 말고 가까운 것부터 하나하나 해결할 수밖에 없다. 올바른 방법으로 잡은 생선을 적정가격에 사는 것, 시장에 나오지 못하는 흠 있는 생선을 적극적으로 이용하는 것, 그리고 냉동에 대한 대처도 그중 하나다.

편의점에서도 냉동식품 쇼케이스 공간이 늘어나면서 식품 손실이 줄었다고 한다. 우리 매장에서는 자기력을 이용해 급속냉동하는, 프로톤 동결기를 도입했다. 손질한 생선을 이 동결기로 냉동하면 식재료의 품질저하나 해동할 때 생기는 드립(액체)을 줄일 수 있다. 따라서 생선 값이 저렴한 시기에 대량으로 구입해 냉동하면, 가격 안정에 도움이 되고 재료 손실도 줄어든다. 물건판매와 케이터링의 스케일 메리트(대량생산 또는 대량구매 등 규모의 확대로 얻어지는 이익)를 살려서, 해산물요리를 비롯하여 다양한 맛을 폭넓게 즐길 수 있기를 바란다.

코로나로 주춤할 수밖에 없었지만 휴업기간 동안 여러 가지 노하우를 쌓아 회사가 건실해졌다. 건전한 가스트로노미를 모색하면서, 생산자와 소비자를 연결하는 목표를 향해 전진 중이다.

Restaurant UOZEN

KAZUHIRO INOUE

이노우에 가즈히로

가가와[香川]현 출생. 대학 졸업 뒤 「KIHACHI(파티세리, 레스토랑 등)」에 입사하였다. 그 뒤로 여러 매장에서 경험을 쌓고, 아시아, 프랑스, 환태평양 등의 다양한 요리와 점포 운영을 담당하였다. 2005년 식품 안전과 생산자와의 연대를 테마로 한 유기농 레스토랑 「HOKU」(도쿄·이케지리)를 오픈하였고, 2013년 니가타 산조[三条]시로 자리를 옮겨 지금의 가게를 오픈하였다. 직접 채소를 기르고, 바다에서 물고기를 잡고, 산에서 사냥하는 일을 즐기며, 이를 잘 살린 요리와 라이프 스타일을 탐구한다.

레스토랑 우오젠
新潟県 三条市 東大崎 1-10-69-8
Tel. 0256-38-4179
http://uozen.jp/

테마는 「사냥, 고기잡이, 자연」. 접시 위에서 생명력을 맛본다

———

2013년 아내의 본가에서 운영하던 고급 일식집을 레스토랑으로 리모델링하였다. 〈우오젠〉이라는 이름 때문에 생선요리 전문점이라고 생각하기 쉽지만(우오는 일본어로 생선을 의미), 일식집의 이름을 이어받은 것이다. 현재는 해산물을 비롯해 「Chasse(사냥), Pêche(고기잡이), Nature(자연)」를 테마로, 현지의 식재료를 사용해 이곳에서만 맛볼 수 있는 요리를 코스로 제공한다. 처음 도쿄에서 옮겨올 때는 지역에서 생산된 농산물을 지역에서 소비하는 시산지소(地産地消)에 대해서는 특별히 관심이 없었고, 시골에서 밭농사나 낚시를 하면서 원하는 방식으로 요식업을 하고 싶었다. 니가타의 생선이라고 해도 생각나는 것은 아카무쓰(눈볼대) 정도. 그런데 직접 배를 타고 나가서 고기를 낚고, 사냥을 시작하고, 산에 가서 나물을 캐거나 계류 낚시를 하는 등 취미를 넓혀가다 보니, 「식재료 구하기」와 「요리하기」가 결합되었다. 「식재료 구하기」를 직접 해보면 선입견 없이 재료의 개성을 보고, 또한 그것을 다른 차원의 맛으로 승화시키고 싶은 생각도 강해진다. 현장에서 만나는 그 분야의 전문가들이 알려주는 지식도 큰 도움이 된다. 계절을 2바퀴쯤 돌았을 때는 식재료의 전망도 가능할 수 있게 되어서, 「니가타의 식재료로 만드는 가스트로노미적인 요리」라는 방향성이 보이기 시작했다.

가을겨울은 지비에, 봄여름은 해산물에 좀 더 포커스를 맞춘다

지금은 1년 내내 직접 밭일을 하고, 봄부터는 산나물 캐기와 낚시, 가을겨울에는 사냥 등과 같이 취미의 연장

왼쪽_ 가게는 넓은 전원 속에 자리 잡고 있다.
오른쪽_ 숯불, 장작불 그릴에 더해 새롭게 돌가마를 도입하여, 가열방식의 폭이 넓어졌다. 가마 내부의 최고 온도는 500℃ 가까이 되며, 위쪽에서 내려오는 열이 식재료를 감싸서 부드럽게 익는다. 이런 특징을 살려서 익히는 방법을 계속 연구하는 중이다.

선 같은 형태로 식재료를 조달하고 있지만, 물론 시장에서 구입하는 것도 많다. 하고 싶은 것은 많지만 할 수 있는 것에는 한계가 있다. 조달, 구입, 보관, 실전 조리, 그중 어디에 초점을 맞출지 고민했는데, 개업하고 9년이 지나니 이제 계절별로 일의 비중이 안정되었다. 현재 메뉴는 코스 1가지로 디저트 포함 12개 정도의 요리를 내는데, 봄여름에는 해산물요리의 비율이 높고, 가을겨울에는 지비에(수렵육) 요리의 비율이 높다.

니가타에는 강이 많고, 사도[佐渡]에 걸쳐 있는 해역에는 플랑크톤이 풍부하여 해산물의 종류도 다양하다. 그러나 바다가 거칠어서 배를 띄울 수 없는 시기가 있다. 또한 여름철에는 저인망 작업이 금지되어 시장의 어종이 크게 줄어든다. 초봄 채소의 단경기도 그렇고, 이런 상황을 해결하는 것이 시급한 문제다. 도시에서 니가타까지 찾아오게 하려면, 지역 재료를 사용할 뿐 아니라, 종류가 다양하고 하나하나가 인상적인 요리여야 한다. 여름에는 직접 잡은 눈볼대, 다금바리, 대구(이리는 없지만 산란 전 먹이활동이 왕성한 시기라 살이 매우 맛있다)가 도움이 된다. 민물고기 요리도 조금씩 늘리고 있다. 또한 같은 생선이라도 살 외에 내장이나 껍질 등도 사용한다. 예를 들어 아귀는 내장과 껍질을 사용해 테린을 만든다. 참치는 위와 염통도 요리한다. 생선의 개성을 모두 전달하고 싶어서이기도 하지만, 하나의 생선에서 다양한 맛을 발견하는 것은 꼭 필요한 과제이다.

해산물에도 지비에 에센스를 이용한다

참고로 참치 내장은 유통되는 것이 아니라, 직접 잡은 것을 배 위에서 손질하여 얼음에 재운 뒤 돌아와서 바로 밑손질한다. 즉석에서 손질하여, 살, 내장, 껍질, 뼈까

지 버릴 것 없이 모두 사용하는 것은 지비에도 생선도 기본적으로 같다. 직접 식재료를 구하면서 요리를 보는 시각에 그다지 한계를 느끼지 않게 되었다.

실제로 해산물요리의 베이스로 지비에 콩소메를 많이 사용한다. 겨울 동안 잡은 여러 가지 지비에의 뼈나 자투리 고기를 닭 육수에 넣고 끓여서 맑게 거른 뒤 냉동한다. 이것을 수프나 줄레로 만들어 해산물요리와 조합하거나, 또는 일부 해산물 수프를 만들 때 따로 보관해둔 지비에 콩소메(2번째로 우려낸 것)를 사용하는 것이 기본이다. 지비에의 감칠맛은 섬세할 뿐 아니라 혀에 닿는 감촉이 가벼워서, 해산물의 풍미를 해치지 않고 깊이를 더해준다. 그밖에도 소금에 절인 곰 라르도와 가쓰오부시가 아닌 사슴고기로 만든 시카부시[鹿節]도 해산물요리에 효과적이다.

지비에를 조합하는 것은 가게 운영에 필요하고 합리적이기 때문이다. 한편 요리 자체는 최대한 심플하고 알기 쉽게 만들어서, 순수하게 「맛있다」라고 느낄 수 있어야 한다.

그리고 해산물요리에서 가장 중요한 「소금」. 소금이 없으면 감칠맛이 나지 않는다. 이것이 가장 기본이다.

마지막 조합 과정에서 주의할 점은, 식감과 감칠맛의 악센트이다. 씹는 자극이 뇌에 맛에 대한 정보를 전달하고, 감칠맛이라는 작은 요소가 식재료의 풍미를 분명하게 살려주기 때문이다. 그래서 그 부분에 니가타의 메시지를 숨긴다. 케이퍼 대신 머위 꽃줄기 피클을, 크루통 대신 쌀퍼프를 사용하는 방법 등이 있다. 니가타산 고추와 가구라난반[神楽南蛮], 피망보다 조금 작고 통통한 고추도 밭에서 완숙시켜 가루를 내서, 프랑스의 피망 데스플레트(Piment d'Espelette)처럼 사용한다.

Simplicité

—

KAORU AIHARA

아이하라 가오루

가나가와[神奈川]현 출생. 1994년 가나가와 하야마에 있는
〈라 마레(La Marée)〉에서 요리를 배우기 시작했다. 2000
년 프랑스로 건너가 님, 본, 스위스 제네바 등의 레스토랑에
서 3년 정도 경험을 쌓았다. 귀국 후에는 〈긴자 레칸〉(도쿄
긴자)의 부주방장과 〈레베랑스(Reverence)〉(도쿄 히로오),
〈발리노르(Valinor)〉(도쿄 오기쿠보)의 주방장을 지냈고,
2018년 독립하여 「생선」을 테마로 한 현재의 가게를 오픈
하였다.

산플리시테
東京都 渋谷区 猿楽町 3-9
アヴェニューサイド 代官山1 2F
Tel. 03-6759-1096
http://www.simplicite123.com

「숙성」을 통해
프렌치 요리의 재료로서,
가능성을 넓힌다

—

생선을 테마로 삼은 것은 2012~2013년경, 전에 있던
〈발리노르〉에서 주방장으로 일하던 시절이다. 지금의
가스트로노미 업계에서, 나 자신과 레스토랑의 개성을
찾기 위해 어디에 초점을 둘지 고심하던 중, 전략적으
로 생선을 테마로 결정하였다.
그 뒤로 코스의 고기요리를 1가지씩 해산물로 바꾸고,
일식이나 중식 등 다른 장르도 연구하여 해산물 사용방
법에 대한 시각과 기술을 넓혔다. 특히 초밥집을 열심
히 찾아다니다가 만난 것이 숙성초밥이었다.

숙성을 통해 생선과 유지류가 잘 어우러진다

처음 숙성 정어리를 먹었을 때는 「입안에서 녹는 이 맛
은 뭐지?」하고 놀랐다. 일본의 생선은 싱싱하지만, 프
렌치 요리의 시각에서 보면 싱싱한 것만으로는 맛에 깊
이가 생기지 않는다고 느끼던 참이었다. 그런데 숙성이
라는 과정을 거치면 감칠맛과 향이 향상되고, 탱글탱글
한 식감이 끈적하고 부드러워져서, 유지류와 잘 어우러
진다. 그런 점에서 프렌치 요리의 재료로서, 가능성을
느꼈다. 구체적인 기술은 숙성 초밥집을 열심히 찾아다
니면서 먹어보고, 질문하고, 그런 뒤 하나하나 직접 시
도해 나만의 방법으로 완성하였다.
그리고 〈산플리시테〉를 오픈할 때 생선으로 만든 프렌
치 요리 이상의 특별한 콘셉트가 필요하다고 생각해서,
「숙성어 프렌치 요리」를 내놓았다. 숙성은 냉장고 안에
서 이루어지며, 손질한 생선을 각각 진공포장해서 얼음

숙성은 냉장고 안에서 이루어진다. 각각의 생선을 손질해서 진공팩에 넣은 뒤, 얼음물이 담긴 스티로폼 케이스에 넣고 뚜껑을 덮어 얼기 직전의 온도를 유지하는 방식이다. 날마다 상태를 체크하고, 필요하면 진공팩을 제거한 뒤 생선 표면의 수분을 닦고 소금을 뿌려서, 새로운 진공팩에 넣고 다시 얼음물에 담근다.

물을 담은 케이스에 넣는 방식이다. 숙성기간은 자바리처럼 큰 것은 2주, 정어리나 전갱이 등은 5~8일 정도이다. 생선에 따라 반나절 동안 다시마로 절여서 감칠맛을 더한 뒤, 다시마를 제거하고 숙성시키기도 한다.

흰살생선은 안정적으로 숙성되지만 등푸른생선은 더 주의해서 숙성시켜야 하고, 생선 본래의 향과 숙성 감칠맛의 균형을 맞추려면 시행착오가 필요하다. 예를 들어 정어리는 정말 신선하지 않으면 숙성을 견디지 못하며, 지방이 충분히 오른 것이어야 한다. 같은 날 구입했어도 각각 다르기 때문에, 10마리 중 2마리밖에 사용하지 못하는 경우도 많다. 숙성 피크가 지나면 바로 맛이 떨어지기 때문에, 반드시 날마다 맛을 봐야 한다. 반대로 참치나 청새치는 숙성 피크의 폭이 넓은 만큼, 감칠맛의 포인트를 어디에 두고 어떻게 살릴지 늘 고민한다.

참고로 숙성시키지 않는 정어리는 퓌메를 만드는 데 사용한다. 고등어, 정어리, 전갱이뼈 등과 숙성에 알맞지 않은 정어리를 통째로 다시마 육수에 넣고 끓여서 등푸른생선 퓌메를 만들고, 여기에 정어리 머리나 가운데뼈를 구운 것, 달걀흰자를 넣고 끓여서 콩소메를 만들기도 한다. 이것이야말로 「일본의 여름」을 연상시키는 상쾌한 향과 깔끔한 감칠맛이 있는 콩소메로, 나에게 있어서 프렌치 요리의 테크닉과 일본의 제철 재료가 융합된, 내가 추구하는 「일본 해산물 프렌치」의 기본과 같은 존재이다. 생선요리에 그대로 곁들이거나 소스의 베이스로도 많이 사용한다. 이 콩소메를 사용하면 숙성 생선으로 만든 요리에 신선한 풍미가 더해지는 효과도 있다.

생선을 살리는, 섬세한 채소 사용

숙성하면 감칠맛이 강해지기 때문에 전체적으로 맛이 무겁지 않게 코스 메뉴를 구성한다. 가장 먼저 제공하는 6가지 아뮤즈 세트는 다양한 어종을 각각의 개성에 맞게 제공하는, 그야말로 초밥 스타일이다. 전채 이후에는 조개나 갑각류의 쥐, 채소 퓌레를 사용한 가벼운 소스로 생선의 풍미를 심플하게 살리는 조합이 많다. 클래식한 프렌치 요리의 소스도 사용하지만 유지류나 젤라틴을 거듭 사용하면 질릴 수 있기 때문에, 베이스를 만드는 방법이나 분량, 전후의 균형을 고려한다.

예를 들면 졸인 레드와인과 마데이라(Madeira) 와인에 다시마와 채소 육수, 마구로부시(참치포)를 함께 넣고 우려낸 「마구로부시 레드와인 소스」가 있다. 감칠맛과 깊은 맛이 있는 섬세한 소스지만, 젤라틴을 사용하지 않아 가볍다. 해산물은 물론 고기류에도 어울리는 기본적인 레드와인 소스다. 여기서 포인트는 향미채소로 사용하는 말린 배추인데, 단맛이 강하지는 않지만 진해서 균형을 잘 잡아준다.

채소의 경우 접시 위에서 지나치게 개성이 드러나지 않게 사용한다. 예전에는 프렌치 요리로서 「봄에는 아스페르주 소바주(Asperge sauvage, 야생 아스파라거스)를 사용하고 싶다!」 같은 생각을 많이 했지만, 지금은 미각적으로 생선에 가장 잘 어울리는 채소만 사용한다. 하지만 겉으로는 드러나지 않아도 채소의 중요성은 오히려 높아지고 있다. 채소는 해산물을 받쳐주는 감칠맛 밸런스의 열쇠이기 때문에, 좀 더 세밀하게 궁합을 연구하여 수분을 조절하게 되었다. 해산물을 많이 사용하게 되면서, 채소에 대한 지식도 더 깊어졌다.

ZURRIOLA

SEIICHI HONDA

혼다 세이이치

지바[千葉]현 출신. 1998년 프랑스로 건너가 〈조르주 블랑(Georges Blanc)〉 등에서 5년 동안 가스트로노미에 대해 배운 뒤 스페인으로 건너갔다. 전통식문화 체험을 목적으로 산세바스티안(San Sebastián)의 〈카사 우롤라(Casa Urola)〉에 입사하였고(나중에 주방장이 되었다), 4년 동안 근무하며 각 지역에 대한 견문을 넓혔다. 일본으로 돌아온 뒤 일식당 〈류긴[龍吟]〉을 거쳐, 스패니시 레스토랑 〈산파우(Sant Pau)〉에서 부주방장으로 일하였다. 2011년 독립하여 도쿄 아자부에 현대 스패니시 레스토랑 「수리올라」를 오픈하였다. 2015년 긴자로 이전.

수리올라
東京都 中央区 銀座 6-8-7 交詢ビル 4F
Tel. 03-3289-5331
http://zurriola.jp

해산물의 진가를 살리는, 가열방법에 대한 끊임없는 탐구

생선가게를 운영하는 집에서 태어나 어릴 때부터 생선에 익숙했다. 생선을 관찰하는 것을 좋아해 가게 일을 자주 도와서, 전갱이 손질쯤은 식은 죽 먹기였다. 그러니까 요리의 길로 가는 출발점이 생선이었다.

프렌치 셰프를 목표로 프랑스로 건너가 스위스를 포함해서 5년 동안 요리를 배웠는데, 여행차 방문한 스페인 바스크 지방의 식문화에 매료되어, 결국 산세바스티안의 레스토랑에서 4년을 보냈다. 프랑스 주방의 인기 아이템은 대부분 육류지만, 항구 도시 산세바스티안에서는 생선류가 주인공이다. 눈앞에 펼쳐진 칸타브리아(Cantabria)해의 다양한 생선, 갑각류, 오징어, 문어 등을 사용하고, 그 신선한 풍미를 잘 살려서 플란차(Plancha, 철판)나 장작불 등으로 조리한다. 동양인의 입맛에도 맞는 훌륭한 맛이다. 심플하지만 깊이가 있어서 제대로 배워볼 만한 기술이라고 생각했다. 당시에는 〈엘불리(El Bulli)〉를 비롯 모던 스패니시 요리가 세계적으로 각광받던 시기였고, 그런 곳도 방문해서 견문을 넓히고 자극을 받았지만, 유행에 좌우되지 않는 전통 스타일의 가게에서 배운 것이 나의 요리의 기초가 되었다.

또한 일본에 돌아와 1년 반 정도 일식당 〈류긴〉의 주방에서 구이 파트를 담당하며 생선 손질부터 꼬치 꽂는 법, 숯불구이 기술 등을 배웠는데, 이러한 경험이 생선 요리의 품질 향상과 다양한 응용으로 이어졌다.

효율이 아닌, 맛을 기준으로 크기를 선택

수리올라의 오마카세 코스는 애피타이저, 타파스 3종, 전채 3~4종, 생선, 고기, 디저트 1~2종, 다과 순서로

카운터석에서 보이는 비장탄 화로. 원적외선의 효과가 있고, 장작보다 불꽃을 쉽게 조절할 수 있어서 확실히 더 맛있게 만들 수 있다. 물론 알맞은 생선 선택, 자르는 방법, 꼬치를 고르게 꽂는 기술도 요리의 완성도에 큰 영향을 준다.

진행되는데, 전반에 해산물을 많이 사용한다. 그래서 항상 오전의 준비 시간은 생선을 손질하는 데 쓴다.

산지나 어종은 시기에 따라 다양한데, 예를 들어 구이에는 지방과 젤라틴이 많은 생선이 잘 어울리기 때문에, 일본산 광어는 사용하지 않는다. 일본산 광어는 회로 먹을 때 매력을 발휘하기 때문에, 가열하면 다양한 맛을 느끼기 어렵다. 자바리는 10kg 이상 나가는 것, 반대로 실꼬리돔은 250~400g의 작은 것을 사용하는데, 크기 선택에는 나름의 섬세한 취향이 있다. 단지 1인분씩 나누기 쉽다거나, 접시와 균형이 잘 맞는다는 이유로 구입하지는 않는다. 요리에서 디자인을 먼저 생각하면 맛은 뒷전이 되어 실패하기 때문이다.

타파스(반드시 날것, 튀김, 바삭한 것의 3종류로 구성한다)는, 등푸른생선, 바칼라오(Bacalao, 소금에 절여 말린 대구), 아귀 간 등, 적은 양으로도 만족감을 줄 수 있는 것을 선택하여 구성한다.

또한 해산물 중에서는 새우의 가능성을 높이 평가한다. 한마디로 새우라고 해도 각각 개성이 다르기 때문에, 북쪽분홍새우, 부도에비(일본 홋카이도 지역에서 소량 잡히는 새우), 랍스터는 생으로, 모란새우와 랑구스틴은 레어로, 닭새우는 충분히 익히는 등, 각각의 새우가 가진 맛을 가장 잘 살릴 수 있는 조리방법과 새우에 어울리는 조연과의 조합으로 매력을 전달한다. 절대적인 규칙은 아니지만 코스 중 1가지는 새우요리를 넣는 경우가 많고, 그럴 경우 소스는 새우 머리로 낸 육수를 베이스로 한다. 물론 싱싱한 것을 사용하지만, 요리방법에 따라 비린내가 나기도 하므로, 냄비 온도가 떨어지지 않도록 주의하면서 단시간에 볶고, 동시에 생수를 끓여서 붓는 등 세심하게 신경을 쓴다.

철판, 숯불, 콩피, 저온조리 등 다양한 조리방법으로 가능성을 추구

레스토랑의 생선요리라고 하면 프라이팬으로 익히는 이른바 푸알레가 대중적이지만, 푸알레만 하고 싶지는 않다. 다양한 가열방법으로 생선 각각의 개성과 맛을 좀 더 잘 살릴 수 있다고 생각한다. 여분의 기름을 빼면서 원적외선 효과로 부드럽게 완성하는 숯불구이를 비롯하여, 찌거나 튀기거나 콩피를 만들거나 저온조리와 철판구이를 조합하는 등, 여러 가지 방법을 연구하고 손님에게 제공하는 것이 프로의 일이다. 이것은 생선요리뿐 아니라 고기요리도 마찬가지다.

그러기 위해서는 다른 사람의 요리도 자신의 요리도 계속 먹어보고 고민해야 한다. 쉬는 날에는 가능하면 먹으러 다닌다. 다양한 체험을 통해 미각과 감각을 키우고 최신 정보를 얻어서, 내가 정말 맛있다고 느끼는 것과 먹고 싶은 것을 만든다. 그리고 객관적인 자세로 맛을 본다. 예를 들어 타파스로 만드는 「정어리 코카」(p.173)와 「부드럽게 삶은 문어_ 먹물칩과 피키요 고추 크레마」(p.175)는 입에 넣었을 때의 크기, 입천장에 닿는 부분과 혀 위에 올라가는 부분의 느낌, 씹을 때의 맛과 식감의 변화 등을 치밀하게 계산하여 섬세하게 조절한 것이다. 한입 크기의 작은 세계에서도 감동이 느껴지는, 그런 생선요리를 제공하고 싶다.

1

———

이노우에 다카히로 / 페시코

TAKAHIRO INOUE

pesceco

평화로운 아리아케해를 마주하고 있는

시마바라의 작은 레스토랑.

아침에 잡은 생선만이 가진 힘을 최상으로 끌어올린다.

「산지에서 제공하는 가스트로노미」,

본연의 모습을 철저히 추구한다.

멸치젓과 고구마 타르틀레트

「바닷가 산책」이라고 이름 붙인 3가지 아뮤즈 중 하나로, 직접 만든 멸치젓을 사용한 대표 메뉴이다. 멸치젓에 버터를 섞어서 고구마와 조합하였다. 예전 시마바라에서는 대부분의 가정에서 멸치젓을 항상 준비해두고, 찐 고구마에 올려서 먹곤 했다. 잃어버린 지역의 식문화를, 요리를 통해 전하고 싶어서 만든 메뉴이다.

구 성

멸치젓 버터
찐 고구마
멸치가루
마른멸치
고구마가루 타르틀레트

상세 레시피 → p.206

- 멸치젓은 갓 잡은 멸치를 나무통에 담고 소금을 뿌린 뒤 짚을 덮어서 1년 이상 발효·숙성시켰다(**1**).
- 1마리씩 손질하여 살만 발라낸다(**2-3**). 칼로 다진 뒤 포마드 상태의 저지우유 버터와 섞는다(**4**).
- 타르틀레트에 찐 고구마를 올리고 멸치젓 버터로 덮은 뒤 멸치가루를 뿌린다(**5**). 마른멸치(**6**) 1마리를 올린다.

POINT 멸치에 뼈가 남아 있으면 식감이 거슬리기 때문에, 핀셋을 사용해 꼼꼼히 제거한다.

물결처럼 퍼지는 풍미 _쑤기미와 쌀 샐러드

아침에 바로 잡은 생선에서만 맛볼 수 있는, 사후경직이 일어나지 않은 생선의 부드러운 식감을 즐길 수 있다. 「산지와 가까운」 장점을 충분히 느낄 수 있도록 만든 스타일로, 제철 흰살생선을 사용하고 생선에 따라 기름의 종류를 조절한다. 생선의 감칠맛도 물론 중요하지만, 식감과 향에 초점을 맞췄다. 여기서는 쑤기미에 다시마 육수를 더하였다. 층층이 겹쳐서 먹을 때마다 새로운 향과 맛이 퍼져나온다.

구 성

액젓과 참기름으로 무친
쑤기미 살과 간
삶은 쌀 샐러드
말똥성게
다시마 육수 거품

상세 레시피 → p.206

- 〈밑손질〉 살아있는 쑤기미를 이케지메한 뒤 내장을 제거한다. 간은 따로 보관한다. 신케지메한 뒤 물로 씻고 물기를 닦는다(**1**). 10분 동안 냉장고에 넣어둔 뒤 3장뜨기하고, 알은 제거한다. 소금물(얼음물에 굵은 소금을 녹인 것)에 담근 뒤(**2**), 바로 건져서 두툼한 키친타월로 물기를 닦는다(**3**). 생선 살에 수분이 남지 않게 잘 닦으면, 윤기 있고 투명한 상태가 된다. 대나무 채반에 올려서 2시간 정도 냉장고에 넣어둔다.
- 쑤기미 살을 얇게 저민다(**4**). 고온압착 참기름과 멸치액젓을 섞은 뒤 쑤기미 살과 간에 뿌리고 살짝 버무린다(**5**).
- 삶은 쌀에 잎양파 피클을 섞어서(**6**) 접시에 깐다. 말똥성게와 쑤기미 간을 겹쳐서 놓고 쑤기미 살을 올린다(**7-8**). 다시마 육수 거품을 올린다.

POINT 쑤기미는 껍질과 살 사이의 수분이 살의 풍미에 영향을 미친다.
이케지메한 뒤 바로 껍질을 벗기고 소금물로 씻어서 수분을 닦아낸다.

간바 「가메타키」

간바는 참복과에 속하는 국매리복(*Takifugu vermicularis*)*을 말한다. 일본 표준명은 나시후구[梨河豚]인데, 시마바라 지역에서는 간바라고 부른다. 국매리복에 풋마늘과 우메보시를 넣고 간장으로 조린, 현지의 대표적인 향토요리 「간바 가메타키」를 응용한 메뉴다. 국매리복은 갓 잡았을 때의 식감을 즐길 수 있도록, 아침에 잡은 것을 짚불로 살짝 구운 뒤 얇게 저민다. 이 지역 특유의 복어양념 대신 우메보시를 넣고 끓인 청주와 오일로 깊은 맛을 내고, 샐러드 스타일로 완성하였다.

★ 국매리복은 한국에서는 식용이 금지된 맹독성 복어이며, 일본의 경우 일부 지역에서 어획한 국매리복의 살만 식용이 가능하다.

구 성

국매리복 짚불구이
자몽
성호원무* 마리네이드
풋마늘 오일
끓인 청주

상세 레시피 → p.207

★ 교토의 전통채소

- 〈밑손질〉아리아케[有明]해산 국매리복의 껍질을 벗기고 신케지메한다(1-2). 3장뜨기한다. 안쪽의 알을 잘라내고 얇은 막을 벗긴다. 소금을 뿌려 10분 정도 냉장고에 넣어둔다(3). 약숫물에 굵은 소금을 녹인 소금물에 담갔다 건져서 씻고, 바로 두툼한 키친타월로 물기를 닦아낸다(4-5).
- 〈영업중 조리〉화로에 짚을 올려 불을 붙인 뒤 국매리복을 5~10초 동안 살짝 굽는다(6). 그대로 얇게 저며서 소금을 조금 뿌린다.
- 국매리복과 자몽 과육을 접시에 담고 성호원무 마리네이드를 덮어준다(7-8). 풋마늘 오일을 뿌리고 끓인 청주를 듬뿍 두른다.

POINT 국매리복은 몇 초 정도만 굽는다.
다타키 느낌으로 표면에 고소한 향을 입힌다.

겨울 밭에서 _시금치와 털탑고둥

할머니가 만들어주신 「시금치 두부무침」을 정말 좋아했는데, 그것이 이 메뉴의 출발점이 되었다. 겨울이 제철인 시금치에 감칠맛과 식감을 살린 털탑고둥을 조합하여, 레스토랑다운 요리로 만들었다. 포인트는 마른멸치의 감칠맛인데, 이 지역에서는 예전부터 멸치 육수를 많이 사용한다. 산과 바다가 가까워서 밭의 양분이 바다로 흘러드는데 멸치가 그 양분을 흡수하기 때문에, 바다 재료와 밭 재료가 잘 어우러지게 도와준다.

구 성

얇게 저민 털탑고둥
시금치
양파누룩과 멸치 육수 소스

상세 레시피 → p.207

- 물레고둥을 닮은 털탑고둥은 나가사키의 서민적인 식재료(**1**)다. 껍데기에 구멍을 내 관자를 자른 뒤, 입구쪽으로 살을 빼내 어슷하게 썰고 얇게 갈라서 펼친다(**2-3**). 끓는 소금물에 3~4초 데친 뒤 얼음물에 담가 식힌다(**4**). 건져서 물기를 닦고 참기름과 액젓을 넣어 무친다(**5**).
- 시금치(**6**)를 끓는 소금물에 3~4초 정도 데친 뒤, 얼음물에 담가 식혀서 짠다(**7**). 키친타월로 물기를 제거하고 잘라서 참기름과 액젓을 넣고 무친다.
- 양파누룩에 멸치 육수를 섞어(**8**) 소스로 사용한다. 양파누룩은 부드러운 짠맛과 감칠맛이 있는 오리지널 조미료이다. 규슈는 습도가 높아서 양파를 오래 저장할 수 없기 때문에, 친한 농가에서 수확한 양파를 1년 내내 사용하기 위해 생각해낸 것이다. 누룩의 힘을 빌어 숙성시키면 감칠맛이 깊어진다.

POINT 털탑고둥은 상당히 단단하기 때문에 가능한 한 얇게 갈라서 펼친다.

게살 소면

다이라가네[多比良ガネ, 아리아케해에서 잡히는 꽃게]는 해산물 중에서도 특히 시간이 생명인 재료로, 어획 당일 소금물에 삶은 뒤 살을 발라내야 깔끔한 맛을 즐길 수 있다. 익힌 게살의 부드러운 풍미를 즐기기 위해서는, 식히지 않고 제공하는 것이 중요하다. 이 게살을 시마바라 수타 소면과 조합하여, 산지와 가깝기 때문에 맛볼 수 있는 「게살 소면」으로 완성한다.

구 성

삶은 게살과 난소
말똥성게
소면 꽃게 소스 무침
E.V.올리브오일과 레몬즙

상세 레시피 → p.208

- 살아있는 꽃게의 급소를 찌른다(**1**). 바로 끓는 소금물에 넣고 삶아서 건진다(**2**). 건져서 그대로 두면 껍데기의 비린내가 살에 배어들기 때문에, 식으면 바로 껍데기를 벗긴다. 난소(알집)를 꺼내고 살을 풀어준다(**3-4**).
- 꽃게 소스를 만들고 E.V.올리브오일과 레몬즙으로 간을 한다(**5**). 소면을 삶아서 물기를 빼고 식힌 뒤 소스를 넣고 무친다(**6**). 원형틀을 사용해 그릇에 소면을 담고 게살과 난소(알집)를 올린 뒤, E.V.올리브오일과 레몬즙을 뿌린다.
- 꽃게 육수를 우려낸다. 껍데기가 어느 정도 모이면 향미채소와 껍데기를 볶고(**7**), 토마토 페이스트와 약숫물 등을 넣어서 끓인다(**8**). 체에 거른 뒤 졸여서 소스를 만든다.

POINT 게는 어획 당일에 잡아서 데친다.
삶은 게살이 자연스럽게 식을 때쯤이 가장 맛있다.

굴과 당근

생선이나 조개, 성게 등을 공급해주는 지인인 아마쿠사[天草]의 어부는 지속 가능한 어업을 위해 굴 양식도 하고 있다. 여러 개의 강이 흘러들어 플랑크톤이 풍부한 지역에서 정성껏 키운 굴은 살도 실하고 맛도 풍부하다. 겨울에 먹는 참굴, 여름에 먹는 바위굴, 모두 믿음직한 식재료들이다. 여기서는 참굴과 구로다고슌 당근[黑田五寸, 나가시키현 오무라시에서 품종 개량한 당근. 색깔이 진하고 카로틴 함량이 높다]을 조합하였다. 굴에는 미나리과 채소가 잘 어울린다.

구 성

참굴 소테

당근 퓌레

당근즙

우유 거품

상세 레시피 → p.208

- 아리아케해 아마쿠사의 2년산 참굴(**1-2**). 껍데기에 비해 살이 크고 맛도 풍부하다. 껍데기를 열어 살을 빼내고 즙은 따로 보관한다(**3**).
- 굴에 메밀가루를 묻히고(**4**) 올리브오일로 소테한다(**5**). 양면이 노릇해지면 꺼낸다.
- 당근 퓌레와 당근즙을 준비한다(**6**).
- 저지우유에 굴즙을 넣고 데워서 거품을 낸다(**7**).
- 그릇에 당근 퓌레를 담고(**8**) 굴 소테를 올린 뒤 당근즙을 뿌린다. 굴 주위에 우유 거품을 두른다.

POINT   굴 소테는 메밀가루를 묻혀서 고소한 풍미를 강조한다.
속은 살짝 따뜻한 정도로 완성한다.

보리새우 라비올리

메뉴에는 몸을 따뜻하게 해주는 수프를 반드시 넣는다. 수프에 넣는 해산물은 그날그날 상황에 따라 다르지만, 베이스는 항상 「Fish & Ham」(p.47)에 사용하는 생햄의 자투리를 사용한 콩소메이다. 생햄의 자투리 부분을 다시마, 채소와 함께 물에 넣고 끓인 것으로, 시원하고 깊은 맛과 향이 새우나 조개류와 잘 어울린다. 메뉴 전체에 향이 있는 오일 종류를 많이 사용하기 때문에, 입안을 깔끔하게 씻어주는 효과도 있다.

구 성

보리새우 라비올리
생햄 콩소메

상세 레시피 → p.209

- 살아있는 보리새우를 얼음물에 담가 기절시킨 뒤, 머리와 껍질을 분리하고 물기를 뺀다(**1**). 새우 살을 잘게 썰어, 하룻밤 절인 나가사키 배추와 양파 소프리토를 넣고 섞는다(**2-4**). 절인 배추의 짠맛이 있기 때문에 소금은 넣지 않는다. 이것을 라비올리 반죽에 싸서 카펠레티 모양으로 만든다(**5-6**).
- 생햄, 양파, 다시마를 넣고 우려낸 콩소메에 능이버섯을 넣고 데운 뒤 간을 한다(**7**).
- 라비올리를 삶는다(**8**). 물기를 빼고 컵에 담아서 콩소메를 붓는다.

POINT 보리새우는 갈지 않고 곱게 다져서 자연스러운 식감을 살린다.

오징어와 홍심무

갓 잡은 갑오징어는 살을 최대한 얇게 썰어서 끈적한 단맛을 살린다. 다리는 숯불에 구워 고소한 풍미를 강조한다. 홍심무 프리토(Fritto, 튀김)의 따뜻함과 바삭한 식감이 생오징어의 맛을 잘 살려준다. 미나미시마바라[南島原]에서 자생하는 시마바라 딸기(나가사키현 천연기념물의 보호진흥을 위해 사용)의 산뜻한 산미를 소스로 만들어서 곁들인다.

구 성

갑오징어 마리네이드
오징어 다리 숯불구이
딜
홍심무 프리토
무청가루
시마바라 딸기 소스

상세 레시피 → p.209

- 〈밑손질〉 갑오징어(**1**)를 잡아서 다리를 분리하고 내장을 제거한다. 면보로 물기를 닦고, 남아 있는 내장의 소화효소가 갑오징어 살에 영향을 미치지 않도록 안쪽이 아래로 오게 트레이 위에 올린다 (**2**). 사용하기 전까지 냉장고에 넣어둔다.
- 자생종 시마바라 딸기를 착즙기에 넣고 즙을 낸다(**3-4**). 연겨자를 넣어 소스를 만든다.
- 오징어 살을 최대한 얇게 저민다(**5**). 다카나[高菜, 겨자의 일종] 씨앗으로 만든 머스터드, 마늘 누룩 절임, E.V.올리브오일을 넣고 버무린다(**6**).
- 오징어 다리는 숯불로 굽는다(**7**).
- 홍심무에 적토미(붉은색을 띠는 고대미) 가루와 강력분으로 만든 튀김옷을 입혀서 튀긴다. 무청가루를 뿌린다(**8**).

POINT　얇게 썬 오징어를 오일로 버무려 끈적한 느낌을 강조한다.

성게와 밭미나리 라비올리

현지 식재료만으로 메뉴를 구성하려면 채소나 해산물이 풍부한 시기에는 문제가 없지만, 철이 바뀔 때는 재료를 구하기 힘들다. 하지만 없으면 없는 대로 지혜를 짜내 새로운 것을 만들기도 하고, 평소에 깨닫지 못한 채소나 생선의 가능성을 발견하기도 한다. 이 메뉴는 아침에 밭에서 딴 밭미나리를 살짝 데쳐서 두유와 성게를 조합한 것이다. 성게와 유바[湯葉, 두유를 끓일 때 표면에 생긴 막을 걷어서 말린 식품]의 단맛이 자연스럽게 녹아들고, 미나리향이 산뜻하다.

구 성

성게와 밭미나리 두부무침
유바 라비올리

상세 레시피 → p.210

- 순두부는 물기를 뺀(**1**) 뒤, 적당량의 다시마 육수와 함께 믹서기에 넣고 갈아서 소스를 만든다.
- 아침에 딴 밭미나리를 끓는 소금물에 살짝 데친 뒤(**2-3**) 얼음물에 담가서 식힌다. 물기를 제거하고 잘게 다진다. 만들어둔 순두부 소스를 넣어 무치고 참기름과 액젓으로 간을 한다(**4**).
- 사용하는 참기름과 액젓(**5**). 참기름은 기카이지마[喜界島]산 참깨를 살짝 볶아서 짠 것으로, 견과류향이 은은하게 느껴지는 순수한 풍미다. 흰살생선과 쌀누룩을 베이스로 만든 고토노히시오[五島の醤] 액젓은 부드러운 감칠맛이 특징이다. 섬세한 채소와 해산물은 이 조합으로 맛을 내는 경우가 많다.
- 두유를 끓여서 표면에 생기는 막을 건져 일단 다시마 육수에 담근다(**6-7**). 건져서 펼친 뒤, 밭미나리 두부무침을 올리고 성게를 얹어 감싼다(**8**).

POINT　밭미나리는 갓 딴 것으로, 살짝 데쳐서 향과 식감을 살린다.

초여름 밭에서 _주키니와 쥐치 샐러드

간 소스를 바른 쥐치와 제철을 맞은 노란 주키니의 조합. 전채에는 항상 그때그때 적합한 날생선을 사용한 샐러드를 포함시킨다. 경직되지 않은 생선의 부드러운 식감과 순한 맛을 살리는 포인트는 유지류와 신맛에 있다. 기름지지 않게 밸런스에 주의하면서 유지류를 겹쳐서 사용하고, 자연스럽게 신맛을 더해 깔끔하게 마무리한다. 여기서는 양파 피클과 생크림에 넣은 레몬 제스트의 풍미가 신맛을 내는 요소이다.

구 성

간 소스를 바른 쥐치
양파 피클
노란 주키니 마리네이드
생크림
레몬 제스트와 즙
딜꽃

상세 레시피 → p.210

- 〈밑손질〉 쥐치는 머리를 잘라내고 바로 물에 담가 피를 뺀다(1). 신케지메한(2) 뒤, 물로 재빨리 씻고 종이로 물기를 닦는다.
- 얇게 저며서(3) 생참기름을 바른다.
- 쥐치 간을 고운체에 내린다(4). 흰색이면 그대로 사용하고, 색이 진하면 같은 분량의 성게를 추가한다. 액젓을 넣고 간을 해서 쥐치에 바른다(5).
- 노란 주키니 슬라이스에 소금, 올리브오일, 레몬즙을 넣고 살짝 마리네이드한다(6-7).
- 접시에 노란 주키니를 깔고 쥐치를 가지런히 올린 뒤 양파 피클을 올린다(8). 주키니 1장을 덮고 소금을 넣은 생크림, 레몬 제스트와 즙, E.V.올리브오일을 뿌린다.

POINT 쥐치 간은 그날그날 상태가 다르다.
감칠맛이 부족하면 성게를 넣어 보충한다.

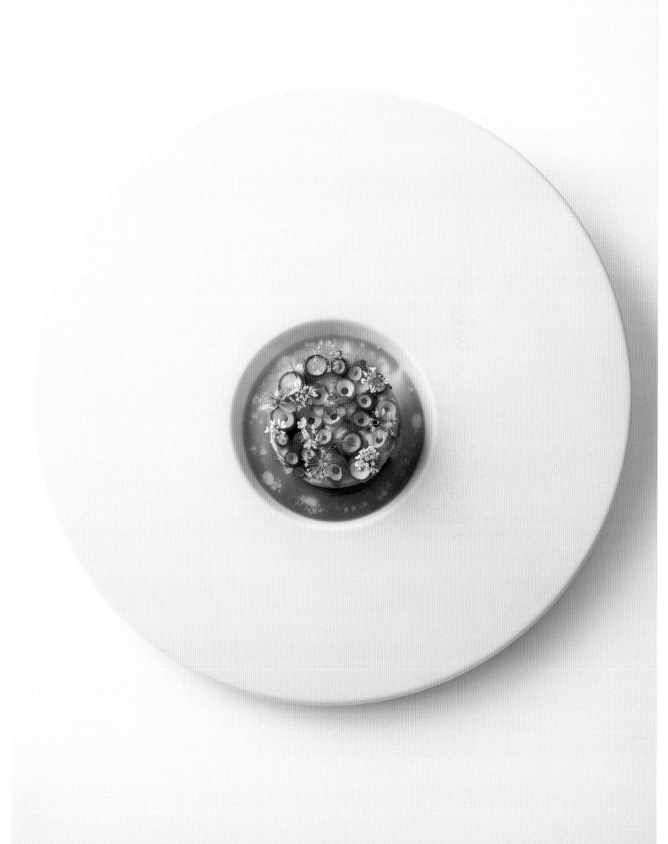

문어 꽃다발

나가사키에서는 여름에 문어가 많이 잡혀서, 자주 먹는 해산물이다. 생선가게에서는 옛날부터 전용 세탁기에 문어를 넣고 돌려서 부드럽게 만들었다. 어릴 때부터 「빨판은 데쳐서 먹고 살은 샤브샤브로 먹는다」라고 배워서, 문어는 부위마다 맛도 다르고 식감도 다른 것을 알고 있었다. 익숙한 문어의 맛을 어디까지 새롭게 표현할 수 있을까. 문어뿐아니라 모든 식재료에 해당되는 주제다.

구 성

얇게 썬 참문어 마리네이드
양배추와 문어 껍질 샐러드
데친 문어 빨판
마늘 마요네즈
부추 오일
무꽃
딜꽃
고수꽃

상세 레시피 → p.210

- 〈밑손질〉 문어를 칼로 찔러서 잡은 뒤, 소금을 충분히 뿌려서 전용 세탁기에 넣고 15분 정도 돌리면 부드러워진다(**1**).
- 다리를 1개씩 잘라서 껍질을 벗기고(**2**), 비닐랩으로 싸서 2시간 정도 냉동한다(**3**). 껍질은 끓는 소금물에 20~30초 정도 데친 뒤(**4**), 얼음물에 담가 식히고 물기를 제거한다. 빨판을 1개씩 떼어낸다. 껍질은 5분 더 데쳐서 식초에 담근다.
- 아침에 수확한 양배추를 끓는 소금물에 데쳐서 다진 뒤, 다진 문어 껍질, 양파 슬라이스, 화이트 와인 비네거를 넣고 버무린다(**5**).
- 문어 다리를 최대한 얇게 슬라이스하고, 고온압착 참기름과 멸치액젓으로 마리네이드한다(**6-7**). 빨판도 같은 방법으로 마리네이드한다. 원형틀에 샐러드를 채우고 마리네이드한 문어 다리 슬라이스를 올린다(**8**). 마늘 마요네즈를 짜고 빨판을 꽃처럼 올린다. 접시에 부추 오일을 두른다.

POINT 샐러드용 채소는 6월은 양배추, 7~8월은 오크라를 사용한다.
거래하는 밭의 상황에 따라 채소를 선택한다.

보리새우 초목찜

채소는 자연을 존중하며 흙 가꾸기부터 정성을 들이는 두 농가에서 공급받는다. 날마다 밭을 방문해 제철 채소와 꽃 등을 받아 온다. 날마다 가는 것이 중요한데, 계절과 땅의 상태를 피부로 느끼고 배울 수 있기 때문이다. 밭 옆에 있는 풀숲에서 계절 꽃을 발견하면, 속을 채워 음식을 만들고 싶어진다. 여기서는 주키니꽃에 보리새우를 채우고, 밭 옆에 있는 무화과와 레몬 나무의 잎을 함께 넣고 찐, 향기로운 여름 메뉴를 소개한다.

구 성

보리새우 타르타르를 채운
  주키니꽃
주키니 소테
새우 브로도*
파기름

상세 레시피 → p.211

* Brodo, 육수

- 살아있는 보리새우를 얼음물에 담가서 기절시킨다(**1**). 새우를 얼음물에 담그는 것은 껍질을 쉽게 벗기기 위해서이다. 머리를 떼고 껍질을 벗긴 뒤 두툼한 키친타월로 물기를 제거한다(**2**).
- 껍질과 머리는 오븐에 넣고 굽는다. 월계수잎과 함께 뜨거운 물에 넣고(**3**), 10분 동안 육수를 우려 낸다. 후추와 양파누룩으로 간을 하고 깊은 맛을 내서(**4**) 체에 거른다.
- 보리새우 살을 곱게 다지고(**5**), 양파 소프리토와 소금을 넣어 주키니꽃 속에 채운다(**6**). E.V.올리브오일을 뿌린다(**7**). 무화과와 레몬 나무의 잎으로 싸서 대나무 찜기로 찐다.
- 손님 앞에서 대나무 찜기의 뚜껑을 열어 향을 즐기게 한 뒤(**8**), 수프 접시에 담는다. 주키니 소테를 곁들이고, 파기름을 넣은 브로도를 끼얹는다.

POINT 새우가 기절하면 바로 머리와 껍질을 분리한다.
그대로 두면 새우 살에 비린내가 밴다.

Fish & Ham

어떤 명인이 만든, 갓 슬라이스한 폭신한 생햄을 먹고 감동한 경험이 있다. 맛보는 순간 「여기에 제철 생선 프리토를 조합하고 싶다」라는 생각을 했는데, 어느새 우리 매장의 스테디셀러 메뉴가 되었다. 여기서는 시마바라산 여름 갯장어를 사용하였다. 현재 생햄은 가고시마에 있는 후쿠도메 목장에서 키우는 새들백(Saddleback) 품종의 돼지고기로 만든 프로슈토를 사용한다. 이 품종 특유의 달콤한 지방이 입안에서 부드럽게 퍼져, 갯장어의 감칠맛과 잘 어우러진다.

구 성

갯장어 프리토
양파 & 청소엽 샐러드
새들백 돼지 생햄

상세 레시피 → p.212

- 〈밑준비〉 갯장어는 머리를 자르고 70℃ 물에 30초 동안 데쳐서 점액을 제거한 뒤(**1**) 얼음물에 담근다. 내장을 제거하고 씻어서 종이로 물기를 닦는다(**2**). 지나치게 부드러우면 손질하기 어려우므로 종이로 싸서 냉장고에 1시간 넣어둔다(**3**).
- 갯장어를 3장뜨기해서 억센 뼈를 잘게 자른 뒤(**4**), 한입 크기로 자른다.
- 갯장어에 소금을 뿌리고 탄산수를 섞은 튀김반죽(**5**)을 입혀서 튀긴다(**6**).
- 얇게 썬 양파를 찬물에 담갔다 건져서, 청소엽과 레드와인 비네거를 넣고 섞는다(**7**). 접시에 담고 프리토를 올린다. 생햄(**8**)을 최대한 얇게 썰어서 프리토 위에 덮는다.

POINT 양파 샐러드에 넣은 청소엽이 생햄과 생선의 향을 연결하는 역할을 한다.

산과 바다 _바위굴

굴 양식을 하는 지인의 배 위에서 채취한 굴을 먹으며 생각해낸 메뉴. 살짝 데친 굴(표면에 얇은 막이 생겨 맛이 뚜렷해진다)을 바닷물을 닮은 다시마 육수에 담근다. 굴을 바다로 돌려보내는 느낌이다. 함께 조합한 것은 저지우유로 만든 카망베르로, 마일드한 감칠맛이 굴이나 다시마의 요오드 느낌과 잘 어울린다. 바다 우유와 산 우유의 조합이다.

구 성

바위굴 포셰
저지우유 카망베르 무스
양파 피클
레몬맛 다시마 육수 거품

상세 레시피 → p.212

- 아마쿠사의 양식 바위굴을 사용한다(**1**). 정성을 다해 키운 만큼 껍데기에 비해 살이 크고 맛도 충실하다. 올해는 3년산 굴이다. 껍데기를 열어 굴을 꺼내고 즙은 따로 보관한다(**2**).
- 굴을 살짝 포셰해서 바로 다시마 육수(볼 밑에 얼음물을 받쳐둔다)에 담근다(**3-4**).
- 저지우유 카망베르 무스 1스푼을 접시에 올린다(**5**).
- 양파 피클을 얹고 굴을 잘라서 가지런히 올린다(**6-7**). 다시마 육수 거품(**8**)으로 감싼다.

POINT 굴은 「표면에 막을 만드는 느낌」으로 살짝 포셰한다.

오징어 소면

시마바라는 소면의 명산지로, 가정에서도 특별한 맛을 즐길 수 있다. 일상적인 식재료
이지만 산에서 흘러내리는 약숫물로 삶고 그 물로 식혀야 맛이 완성된다. 그 진가를 해
산물과 함께 표현하고 싶어서 만든 메뉴이다. 제철 입술무늬갑오징어에 듬뿍 들어있는
먹물로 소스를 만들고, 몸통은 재빨리 익혀서 감칠맛과 향을 끌어내 소면과 조합하였
다. 악센트인 초피의 향이 오징어의 단맛을 잘 살려준다.

구 성

입술무늬갑오징어 소테
오징어 먹물 소면
초피열매 오일
초피 어린잎

상세 레시피 → p.212

- 초여름의 입술무늬갑오징어(**1**). 손질해서 먹물주머니는 따로 보관하고, 몸통은 얇은 껍질을 벗겨낸
  다(**2**). 표면에 몸통 두께의 절반까지 격자모양으로 잘게 칼집을 낸다(**3**).
- 꽃게 소스를 냄비에 담아 데우고 오징어 먹물을 넣는다(**4**). 한소끔 끓인 뒤 볼에 담아 식힌다(**5**).
- 시마바라 소면을 약숫물로 삶은 뒤(**6**), 얼음물에 담가서 식히고 물기를 제거한다. 먹물 소스와
  E.V.올리브오일을 넣고 버무린다(**7**).
- 오징어 몸통을 작게 자르고 올리브오일을 발라서 살짝 소테한다(**8**). 접시에 담은 오징어 먹물 소면
  위에 가지런히 올리고, 초피열매 오일과 초피 어린잎을 뿌린다.

POINT 입술무늬갑오징어는 「만지면 만질수록 신선도가 떨어진다」.
재빨리 손질하고 종이로 물기를 완전히 닦아낸다.

점수구리

점수구리(가래상어과의 바닷물고기)는 시마바라에서 흔히 보는 생선으로, 끓는 물에 데쳐서 식초로 맛을 낸 미소된장과 함께 먹는다. 보통은 암모니아 냄새가 나서 잘 사용하지 않는 생선이지만, 냄새가 배기 전에 이케지메와 신케지메를 하면 괜찮을 것 같다는 생각으로 만들어본 요리다. 시험해보니 냄새가 안 날뿐 아니라 매우 맛있어졌다. 잉어를 닮은 담백한 풍미와 식감을 살리기 위해, 우메보시 등을 넣고 끓인 청주로 감칠맛을 더한다. 수제 보리미소와 굴을 섞은 페이스트를 곁들여 복합적인 맛을 냈다.

구 성

얼음물로 씻은 점수구리
굴 & 보리미소 소스
끓인 청주
말라바시금치
파기름
파꽃

상세 레시피 → p.213

- 〈밑손질〉 점수구리를 이케지메한다. 머리를 자르고 내장을 제거한 뒤 신케지메한다(**1-2**).
- 손질해서 3장뜨기한 뒤 껍질을 벗긴다. 살을 얇게 썬다(**3-4**).
- 얼음물로 씻어서 살을 수축시키고 두꺼운 키친타월로 물기를 닦는다(**5**).
- 아침에 딴 말라바 시금치를 소금물에 몇 초 정도 데친 뒤(**6**), 얼음물에 담갔다 건져서 물기를 짠다.
- 굴 오일절임과 보리미소를 함께 믹서기에 넣고 갈아서 소스를 만든다(**7**).
- 접시에 점수구리 살과 자른 말라바시금치를 담고 끓인 청주를 뿌린다(**8**).
- 파기름을 두르고 파꽃을 올린다. 소스를 곁들인다.

POINT　점수구리는 신케지메한 상태에서 풍미를 확인한다.
냄새가 조금이라도 남아 있으면 뜨거운 물을 붓는다.

흑대기와 유채

아리아케해에서 잡히는 흑대기는 살이 얇고 수분이 많다. 유럽의 두툼한 도버 서대기 (같은 가자미목 생선)와는 달라서, 섬세한 살을 최대한 살리는 조리법을 구상했다. 기름을 넉넉히 두르고, 배에 있는 알을 익히면서 천천히 가열하여 부드럽게 마무리한다. 자국이 날 때까지 구운 유채잎으로 고소한 풍미를 더한다. 시마바라에서는 겨울이면 알배기 흑대기를 먹는 습관이 있어서, 겨울에는 반드시 코스에 넣는다.

구 성

흑대기 소테

유채 꽃과 줄기 소테

유채잎 소테

유채뿌리 피클

바지락 & 셀러리 소스

상세 레시피 → p.213

- 흑대기는 이 지역에서 친숙한 생선이다. 겨울에는 알을 배는데, 그 상태로 조리한다. 이케지메해서 피를 빼고 머리, 내장, 꼬리를 제거한다. 몸통 옆면에 칼집을 낸다(**1**). 이 칼집을 통해 살을 갈라서 펼치고, 가위로 잔뼈와 함께 지느러미를 잘라낸다(**2**). 지느러미는 육수를 낼 때 사용한다. 알은 원래대로 둔다.
- 흑대기에 소금을 뿌리고 2~3시간 정도 둔다(**3**).
- 올리브오일을 넉넉히 두른 프라이팬에 올리고, 오일을 끼얹으면서 천천히 굽는다(**4**). 중간에 뒤집어서 양면을 3~4분씩 굽는다(**5**). 위쪽 살을 분리해서 뼈를 발라낸다(**6**).
- 겨울에 핀 유채를 잎, 줄기, 꽃으로 나눈다. 줄기와 꽃은 올리브오일로 소테한다. 바지락 & 셀러리 소스에 칡전분을 넣고 걸쭉하게 만들어서(**7**) 유채 꽃과 줄기 소테에 넣고 섞는다.
- 잎은 올리브오일을 두른 프라이팬에 올려서 충분히 굽는다(**8**)

POINT 맛이 진한 유채가 흑대기의 섬세한 풍미를 살려준다.
유채 잎은 탈 정도로 구워서 고소한 향을 강조한다.

전복

초여름의 아리아케해에는 해초가 많아서, 이 시기의 전복은 감칠맛이 풍부하다. 제공하는 시간부터 거꾸로 계산하여 찜을 시작하고, 갓 쪄낸 전복을 소테한다. 조리 시작부터 끝까지 전복이 식지 않도록 순서를 잘 짜서 쫄깃하게 완성한다. 완두콩과 주키니 조림을 조합하는데, 콩은 수확 끝물이어서 섬유질이 두껍지만 감칠맛은 이 때가 절정이다. 버터 풍미의 전복을 잘 받쳐주는 감칠맛과 향이 있는 소스가 된다.

구 성

전복 스테이크
전복찜 국물 소스
완두콩과 주키니 조림
간과 흑마늘 퓌레
민트

상세 레시피 → p.214

- 전복을 씻어서 껍데기와 살을 분리한다(**1**).
- 청주와 약숫물을 담은 볼에 전복을 넣고 껍데기를 덮은 뒤, 비닐랩을 씌운다(**2-3**). 95℃ 스팀컨벡션 오븐에서 1시간 가열하고, 다시 85℃에서 2~3시간 가열하여 속까지 부드럽게 익힌다(**4**).
- 뜨거울 때 양면에 칼집을 내고, 버터를 듬뿍 넣어 소테한다(**5**).
- 동시에 전복찜 국물과 생햄 콩소메를 섞어서 끓인 뒤, 칡전분을 넣어 걸쭉한 소스를 만든다. 자른 전복에 바른다(**6**).
- 아침에 수확한 완두콩에 물을 자작하게 붓고, 버터와 소금을 넣어 끓인다(**7**). 2가지 색 주키니 소테를 넣고(**8**) 살짝 끓인 뒤 간을 한다.

POINT 먹는 시간부터 거꾸로 계산해서 찌기 시작한다.
찐 전복을 바로 누아제트 버터(갈색으로 가열한 버터)와 함께 소테한다.

2

—

요시타케 히로키 / 레스토랑 솔라

HIROKI YOSHITAKE
Restaurant Sola

규슈의 해산물과 채소를 주로 사용하여,
많은 사람들에게 사랑받고, 감동을 주는 맛을 선사한다.
항구 레스토랑에 어울리는
미식과 내추럴한 요리를 추구한다.

순무와 꽃게

제철 해산물을 「소스」 삼아 제철 채소를 즐기는 것도 테마 중 하나이다. 여기서는 꽃게를 소스로, 순무와 함께 즐기는 요리를 소개한다. 꽃게는 감칠맛이 강하지만 냄새도 강하기 때문에, 가쓰오부시 육수로 만든 줄레와 유자즙을 섞어서 질리지 않는 맛으로 변화시켰다. 순무는 마리네이드, 마스카르포네 풍미의 무슬린, 슬라이스의 3가지 형태로 만들어서, 은은한 단맛, 섬세한 향, 아삭아삭한 식감을 각각 강조하였다.

구 성

게살 줄레 무침
순무 마리네이드
순무 무슬린
작은 순무 슬라이스
유채 절임
유자 제스트

상세 레시피 → p.215

- 꽃게를 삶아서 살을 발라낸 뒤, 시로쇼유[白醬油, 밀과 약간의 대두로 만든 간장]와 끓인 맛술로 맛을 낸 가쓰오부시 육수와 유자즙을 넣고 버무린다. 젤라틴도 조금 섞어서 줄레 상태로 만든다(**1**).
- 순무는 껍질을 벗기고 6등분해서 단면이 2㎝ 정사각형이 되도록 막대모양으로 썬 뒤, 촘촘하게 칼집을 낸다(**2-3**). 피클 비네거와 유자 제스트를 갈아서 넣고 버무려서 마리네이드한다(**4**).
- 유채를 데쳐서 절임액에 담가둔다(**5**).
- 삶은 순무와 순무 분량의 10% 정도 되는 마스카르포네 치즈를 믹서기에 넣고 갈아서, 에스푸마 사이펀에 넣는다(**6**).
- 접시에 순무 마리네이드를 담는다. 유채 절임을 곁들이고 게살 줄레 무침을 올린다(**7**). 절임 위에 에스푸마를 짠다(**8**). 작은 순무를 슬라이스해서 꽃잎처럼 올려 전체를 덮고, 유자 제스트, 유채꽃, 옥살리스잎을 뿌린다.

POINT　꽃게의 강한 냄새를 유자 풍미의 육수 줄레로 완화시켰다.

흰꼴뚜기와 셀러리악

제철 해산물을 맛볼 수 있는 앙증맞은 스타터. 흰꼴뚜기는 식감이 단단해서 얇게 저미는 것이 좋고, 같은 양이라도 혀에 닿는 면적이 넓을수록 단맛이 강하게 느껴진다. 그래서 오징어를 가늘게 썰어서 국수처럼 먹는 「이카 소멘」보다 더 가늘게 썰어서, 꼴뚜기의 끈적한 식감과 단맛을 최대한 끌어냈다. 완충역할을 위해 은은한 풍미의 셀러리악 크림을 타르틀레트 위에 짠 뒤 그 위에 꼴뚜기를 올려서, 한입 크기의 스낵으로 구성하였다.

구 성

흰꼴뚜기 마리네이드
셀러리악 크림
타르틀레트
라임드레싱

상세 레시피 → p.215

- 손질해서 직사각형으로 자른 흰꼴뚜기를 냉동한다(부드럽게 만들기 위해). 반쯤 해동하여 최대한 얇게 저민 뒤 조금씩 겹쳐서 놓는다(**1-2**).
- 이 상태에서 평평하게 만들어 다시 냉동하고, 시트모양으로 만들어서 1㎜ 폭으로 썬다. 트레이에 가지런히 놓는다(**3**).
- 타르틀레트에 셀러리악 크림을 짜고(**4**), 가늘게 썬 꼴뚜기를 조금씩 얹은 뒤 라임드레싱을 뿌린다(**5**). 라임 제스트를 갈아서 뿌린다(**6**).

POINT 흰꼴뚜기는 얇고 표면적이 넓을수록 단맛이 잘 느껴진다.
자르기 쉽게 반냉동 상태에서 최대한 얇고 가늘게 썬다.

Sola Factory co.

Depuis 2010 à Paris.

굴과 배추

이토시마[糸島]산 굴을 사용한다. 굴과 배추를 겹쳐서 장작불로 검게 변할 때까지 구워, 스모키하고 고소한 풍미를 강조하였다. 굴은 개성이 강해서 배추의 담백한 풍미와 대비를 이룬다. 배추도 태워서 향이 살아나고 여운이 오래 남는다. 폭신하고 부드러운 풍미의 파르망티에(Parmentier, 감자요리)를 곁들여 강한 향과 균형을 맞췄다.

구 성

굴과 배추 구이
라르도 디 콜로나타*
레몬 껍질 콩피
굵게 간 검은 후추
파르망티에
브리오슈

상세 레시피 → p.216

상세 레시피 → p.216

＊Lardo di Colonnata, 대리석을
  이용한 돼지 비계 가공품.

- 굴을 180℃ 오븐에 넣고 살이 탱탱해질 때까지 2분 정도 굽는다(**1**). 완전히 익기 직전에 꺼내서 얼음물을 받친 트레이에 쥐까지 함께 옮겨서 식힌다(**2**).
- 배추를 1장씩 떼어내 깊은 트레이에 담고, 올리브오일, 로즈메리, 소금을 뿌린다. 뚜껑을 덮고 200℃ 컨벡션오븐에서 7분 동안 찐다(**3**)
- 배추 10장 정도를 사이사이에 로즈메리를 끼워서 겹친 뒤, 2×3㎝ 정도로 자른다. 1조각당 2곳에 굴을 끼워서 꼬치에 꽂는다(**4**). 올리브오일을 바르고 장작불로 굽는다.(**5**) 모서리가 탈 정도로 충분히 굽는다(**6**).
- 뚜껑이 있는 접시에 브리오슈와 파르망티에를 담는다(**7**). 구운 굴과 배추를 담고, 라르도 디 콜라나타와 레몬 제스트 콩피를 얹은 뒤(**8**) 토치로 그을린다. E.V.올리브오일과 굵게 간 검은 후추를 뿌린다. 스모크건으로 연기를 넣고 뚜껑을 덮어 제공한다.

POINT <u>굴과 배추는 모서리가 탈 정도로 충분히 구워서 고소한 풍미를 강하게 살린다.</u>

은밀복과 순무

후쿠오카에서 많이 잡히는 은밀복을 사용한 요리. 불꽃을 키운 장작불로 구워서 복어의 감칠맛을 더 강하게 살리고, 아보카도 크림으로 감칠맛을 증폭시킨다. 순무채, 사과 & 순무 모미지오로시[紅葉下ろし, 무와 고추 등을 함께 간 것]를 곁들여 샐러드 스타일로 완성한다. 뎃사[てっさ, 복어 회로 파를 말아서 폰즈, 무즙과 먹는 요리]의 구성을 본떴지만, 프렌치 요리적인 발상으로 식재료의 개성을 더욱 강조했다.

구 성

은밀복 구이
순무채 샐러드
아보카도 크림
사과 & 순무 모미지오로시
청소엽 오일
싹눈파, 차즈기꽃, 차즈기 이삭
캐비아

상세 레시피 → p.216

- 은밀복 필레에 올리브오일을 바르고 소금을 뿌려 철망에 올린 뒤, 불꽃을 키운 장작불로 굽는다. 숯불의 경우 단번에 굽고 휴지시키면서 속까지 익히지만, 장작불은 원적외선이 방출되지 않으므로 불꽃 위에서 굴리면서 천천히 구워 표면에 구운 색을 낸다(1-2). 다 구워지면 슬라이스한다(3-4). 속은 아직 반 정도만 익은 상태이다.
- 순무를 채썰어서(5) 프렌치드레싱을 넣고 버무린다.
- 아보카도를 굵게 썰어 마스카르포네와 사워크림 등을 넣고 섞는다(6).
- 사과 & 순무 모미지오로시를 접시에 담고 아보카도 크림을 곁들인다(7). 사과 & 순무 모미지오로시 위에 구운 복어를 가지런히 올리고 순무채를 얹는다(8).
- 전채 중 1가지는 캐비아를 곁들인 옵션을 준비하는데, 캐비아의 헤이즐넛 같은 풍미가 어우러져 해산물 맛이 더욱 깊어진다.

POINT 복어는 전체를 굴리면서 구워 고소한 풍미를 확실히 더해준다.

이리 리솔레

이리를 3단계로 나눠서 조리하여 속은 걸쭉하고 밀키하며, 겉은 튀겨서 바삭하고, 일부에는 고소하게 탄 자국을 냈다. 이것을 토마토의 풍미와 에샬로트의 식감을 잘 살린 발사믹 소스와 조합한다. 「리 드 보 푸알레(Ris de Veau Poêlés, 송아지 흉선 구이)」를 이리로 대체해서 만든 메뉴로, 맛은 프렌치 요리의 클래식한 느낌을 그대로 살렸다. 코스 중 전채의 마지막 하이라이트.

구 성

이리 리솔레*
토마토 콩카세**를 넣은
　발사믹 풍미 소스
백합뿌리 튀김
꽃송이버섯 소테
이리 국물 거품
초피가루

상세 레시피 → p.217

★ Rissoler, 살짝 구워 갈색을 내는 것.
★★ Concasser, 껍질과 씨를 제거하고
　　작은 주사위모양으로 썬 것.

- 대구 이리를 술로 씻는다(**1**). 우유에 퐁 드 볼라유, 월계수잎, 검은 후추, 생강 등을 넣고 가열해서 80℃를 유지하고, 이리를 넣어 10분 동안 포셰한다(**2**). 냄비째 얼음물에 담가 식혀서 국물에 향이 배어들게 한다(**3**).
- 이리의 물기를 제거하고 튀김옷을 입혀 기름을 두른 철판에 굽는다. 아랫면이 구워지면 위에서 박력분을 뿌린 뒤(**4**), 뒤집어서 주걱으로 눌러 양면에 탄 자국을 확실히 낸다(**5**). 기름에 살짝 튀긴 뒤 기름기를 제거한다(**6-7**). 백합뿌리는 튀김옷을 입히지 않고 그대로 튀긴다.
- 발사믹 풍미 소스에 토마토 콩카세, 핀 제르브(Fines herbes, 다진 허브), E.V.올리브오일을 넣어 섞는다(**8**). 이리를 포셰한 국물은 마지막에 데워서 거품을 낸 뒤 이리 위에 올린다.

POINT　부드러운 포셰, 철판 리솔레, 튀김의 3단계 조리로
　　　　　이리의 맛을 제대로 표현한다.

연어알 스틱

일본으로 돌아와 가게 오픈을 준비하던 중 3개월 동안 팝업 레스토랑을 운영했는데, 그때 연어알로 재미있는 아뮤즈를 만들 수 있겠다는 생각이 들어서 시작한 메뉴이다. 지금은 가게를 상징하는 아뮤즈가 되었다. 연어알을 1줄로 늘어놓은 형태는 미각적으로도 가장 큰 포인트로, 한 알 한 알의 껍질이 터지면서 맛있는 즙이 뿜어져 나오는, 섬세한 드라마가 입안에서 펼쳐진다.

구 성

연어알 간장절임
춘권 스틱
아보카도 크림
유자 제스트

상세 레시피 → p.218

- 춘권피를 반으로 나누고 약 4㎝ 폭으로 자른다(**1**). 2장을 겹쳐서 포도씨오일을 바른다. 길이 22㎝, 폭 1㎝, 높이 1㎝의 ㄷ자형 틀에 깔고 그 위에 다른 틀을 겹쳐서 끼운 뒤(**2**), 삐져나온 춘권피는 잘라서 정리한다(**3**). 200℃ 오븐에 굽고 틀에서 떼어낸다(**4**).
- 다진 아보카도, 마스카르포네, 기자미 와사비 절임[きざみワサビ, 잘게 다진 고추냉이줄기를 간장에 절인 것], 레몬즙, 끓인 맛술, 소금을 섞는다(**5**).
- 스틱에 크림을 짜고 연어알 간장절임을 1줄로 올린다(**6-7**). 유자 제스트를 갈아서 뿌린다(**8**).

POINT 특별 주문한 ㄷ자형 틀로 스틱을 굽는다.
이 크기로 만들어야 한 입 먹었을 때 절묘하게 밸런스가 맞는다.

방어햄과 황금순무

이른 봄의 방어는 지방이 올라서 맛은 좋지만 살짝 느끼하다. 지방을 살리면서 먹기 좋게 만들고 싶어서 훈제를 했더니, 식감이 쫄깃해지고 맛에는 깊이가 생겨서 맛있는 훈제 햄이 되었다. 살짝 데친 황금순무(유럽 수입종)를 사이사이에 끼워서 깔끔하게 즐길 수 있다. 생크림과 올리브오일을 섞은 심플한 소스를 곁들여 산뜻하고 촉촉하다.

구 성

방어 훈제
황금순무 슬라이스
스다치 크림
양하 피클
와사비 간 것
스다치 제스트
싹눈파, 국화, 차즈기꽃

상세 레시피 → p.218

- 「방어햄」이라고 부르는 훈제 방어(**1**). 필레에 마리네이드 소금(소금 3 : 설탕 2)을 뿌려 24시간 마리네이드한 뒤, 물로 씻어서 수분을 닦는다. 30분 동안 저온으로 훈제하고 3~4일 재운다.
- 노란색을 띤 순무의 일종인 황금순무(**2**). 과육은 크림색이고, 식감은 감자와 순무의 중간 정도이며, 은은한 단맛이 있다. 슬라이스해서 뜨거운 물에 살짝 데친 뒤 식힌다.
- 생크림, 스다치즙, 우유, 우스구치 간장, 끓인 맛술, E.V.올리브오일을 섞어서 크림을 만든다(**3**).
- 방어 슬라이스와 황금순무를 번갈아 접시에 담는다(**4**). 스다치 크림을 두르고 양하 피클과 간 와사비를 얹은 뒤, 스다치 제스트를 갈아서 뿌린다(**5-6**).

POINT   방어는 저온으로 훈제한 뒤 덮개를 씌우지 않고 그대로 망에 올리고, 냉장고에서 3~4일 재워 적당히 말린다

송아지와 가리비

고기와 해산물의 조합은 파리의 레스토랑에서도 쉽게 볼 수 있다. 주로 「송아지와 조개」를 조합하는데 굴을 조합하는 경우도 있어서 테스트해본 결과, 일본산 굴과는 풍미가 잘 맞지 않았다. 송아지 고기과 자연스럽게 어울리는 조합은 가리비인데, 살짝 소테하여 속은 반만 익혀서 단맛을 살리고, 송아지 고기는 수비드해서 부드러운 식감으로 완성한다. 각각에 잘 어울리는 파르메산 풍미의 가벼운 사바용(Sabayon, 달걀노른자, 설탕, 화아트와인 등으로 만든 소스)이 전체적인 풍미를 잡아준다.

구 성

가리비 소테 송아지 말이
아몬드 풍미 송아지 소스
찐 고구마
양하 피클
노란 당근 피클
사바용 에스푸마

상세 레시피 → p.218

- 송아지 홍두깨살을 철판에 올려 표면을 노릇하게 구운 뒤, 올리브오일, 허브와 함께 진공포장해서 58℃ 컨벡션오븐에 넣고 40분 동안 중탕으로 가열한다(**1**). 얇게 슬라이스한다(**2**). 쥐는 달걀흰자를 넣어 불순물과 함께 응고시켜 걸러낸 뒤, 끓인 맛술, 시로쇼유[白醬油, 밀과 약간의 대두로 만든 간장], 아몬드오일로 간을 하고 부순 아몬드를 섞어서 소스를 만든다.
- 가리비를 잘라서 올리브오일로 버무린 뒤 철판에서 표면을 살짝 굽는다(**3**). 바로 얼음물을 받친 트레이에 옮겨서 식힌다(**4**). 다진 에샬로트와 차이브, E.V.올리브오일을 넣고 버무린다(**5**).
- 송아지 슬라이스에 소금을 살짝 뿌리고 가리비를 올려서 만다(**6**). 찐 고구마, 피클류와 함께 접시에 담고 소스를 뿌린다(**7**). 사바용 에스푸마를 짠다(**8**).

POINT   가리비는 살짝 구운 뒤 바로 식혀서 단맛을 유지시킨다.

붕장어와 푸아그라

「푸아그라, 셀러리악, 사과」라는 프렌치의 클래식한 조합에 붕장어를 더하였다. 붕장어의 폭신한 식감은 물론, 부드러운 풍미도 잘 어우러져 익숙한 맛이 된다. 푸아그라는 훈제로 스모키하게 만들어서 전체적인 감칠맛과 일체감을 높였다. 셀러리악 조림의 씨겨자 풍미와 마지막에 뿌리는 초피가루의 향이 악센트가 된다.

구 성

붕장어 튀김
푸아그라 훈제 푸알레
셀러리악 씨겨자 조림
셀러리악 퓌레
사과 알뤼메트*
초피가루

상세 레시피 → p.219

* Allumette, 성냥개비모양으로
  자른 채소.

- 이키쓰시마[壱岐対馬]는 붕장어 산지로 유명한 지역이다. 도톰한 붕장어를 갈라서 펼치고 껍질에 뜨거운 물을 붓는다(**1**). 얼음물에 담가 식힌 뒤 칼로 긁어서 점액질을 제거한다. 살을 깔끔하게 정리한 뒤 잘게 칼집을 내서 뼈를 자른다(**2**). 한입 크기로 썰고 튀김옷을 입혀 튀긴다(**3**).
- 푸아그라를 토막내서 6분 동안 훈제한다(**4-5**). 비닐랩으로 싸서 냉장고에 넣어 단단하게 만든 뒤, 얇게 잘라 철판에서 푸알레한다(**6**).
- 채썬 셀러리악과 팽이버섯 기둥을 쉬에하고, 콩소메, 씨겨자, 생강을 넣고 끓인다(**7**). 푸아그라 지방으로 향을 낸다.
- 접시에 셀러리악 퓌레를 깔고 붕장어 튀김과 푸아그라를 겹쳐서 담은 뒤, 셀러리악 조림을 올린다. 초피가루를 뿌리고 사과 알뤼메트를 올린다(**8**).

POINT　도톰한 붕장어의 폭신한 맛이 푸아그라와 균형을 이룬다.

보리새우와 해가리비, 은행 튀김, 바바루아

가을에 즐기는 해산물 요리로, 「해산물로 만든 차가운 달걀찜」 느낌으로 만들었다. 보리새우, 해가리비, 화살꼴뚜기를 살짝 포셰하고, 갑각류 풍미의 바바루아(Bavarois, 젤라틴과 휘핑크림 등을 넣어 만든 요리), 콩소메 줄레와 조합한다. 클래식한 프렌치 요리 중 「아메리칸 소스를 넣은 플랑」이 있는데, 그 정도로 농후하지는 않고 일본 해산물의 이미지에 맞게 자연스럽고 가벼운 풍미로 완성한다. 은행 튀김을 올려 가을을 표현하였다.

구 성

새우, 조개, 꼴뚜기 포셰
갑각류 바바루아
새우 내장
유자 풍미의 콩소메 줄레
은행 튀김

상세 레시피 → p.220

- 보리새우를 소금물에 살짝 데쳐서 식힌 뒤 머리와 껍질을 제거한다(**1**). 해가리비(**2**)는 관자를 분리해서 3등분하고 화살꼴뚜기는 잘라서 표면에 칼집을 낸 뒤, 각각 끓는 소금물에 데쳐서 얼음물로 식힌다(**3**). 물기를 제거한다. 모두 볼에 담고 소금과 E.V.올리브오일을 넣어 버무린다(**4**).
- 새우 내장(머리쪽)과 꼬리 끝부분을 E.V.올리브오일과 프렌치드레싱으로 버무린다(**5**).
- 퐁 드 오마르(Fond de Homard, 랍스터 육수), 달걀노른자, 맛술, 우유를 앙글레즈 소스를 만들듯이 가열하며 섞어서 유화시킨다. 젤라틴을 넣고 식힌다. 휘핑한 생크림을 섞어서 바바루아를 만든다(**6**).
- 그릇에 바바루아를 깔고 새우, 해가리비, 화살꼴뚜기를 담는다(**7**). 유자 풍미의 콩소메 줄레(**8**)를 담는다. 은행 튀김과 허브 새싹을 올린다.

POINT 바바루아는 폭신한 크림 상태로, 새우, 해가리비, 화살꼴뚜기와 부드럽게 어우러진다.

왕우럭조개, 홍합, 바지락

근방에서 잡은 조개를 각기 다른 방법으로 조리하여 조합한 전채. 히로시마산 홍합은
충분히 구우면 맛이 진해지기 때문에 장작불에 구워 불맛을 낸다. 야마구치[山口]산 왕
우럭조개는 연기를 쐬서 스모키한 풍미를 더한다. 바지락은 장작불과 잘 어울리지 않으
므로, 라르도를 감아서 살짝 데운다. 상자 안에 담아 뚜껑을 덮고 틈새를 통해 스모크건
으로 연기를 넣은 뒤, 테이블에서 뚜껑을 열면 그릴향이 난다.

구 성

왕우럭조개 훈제구이와
산마늘 거품
홍합 구이와 햇양파 무스
바지락 라르도 말이

상세 레시피 → p.220

- 〈왕우럭조개〉 한입 크기로 썰어서 올리브오일을 바른다(**1-2**). 장작불에 살짝 굽는데, 올리브오일을
  떨어뜨려 연기를 피워서 훈제한다(**3**). 껍데기에 개옥잠화 어린잎으로 만든 샐러드를 담고 구운 조개
  를 올린다(**4**). 산마늘 거품을 얹는다.
- 〈홍합〉 육즙을 솔로 바르면서 홍합 살을 장작불로 재빨리 굽는다(**5-6**). 대파의 흰 부분을 쉬에해서
  껍데기에 담고 홍합 살을 올린다(**7**). 햇양파 무스를 에스푸마 사이펀으로 짠다.
- 〈바지락〉 바지락 살에 타임잎과 레몬 제스트를 올리고, 얇게 썬 라르도로 말아서 껍데기에 담는다(**8**).
- 3가지 조개를 담은 상자에 뚜껑을 덮고, 스모크건으로 연기를 넣는다.

POINT 테이블에서 뚜껑을 열면 연기가 피어올라,
장작구이의 향을 즐길 수 있다.

랍스터, 라디치오,
화이트 아스파라거스

주재료는 랍스터, 감자, 트러플, 버터로, 프렌치 요리의 전형적인 구성이다. 코스 전체에 가벼운 채소 소스를 주로 사용하는데, 그것만으로는 살짝 부족한 느낌이 있다. 그래서 이런 클래식한 프렌치를 1가지 정도 추가하여 만족감과 안정감을 준다. 단, 소스는 가볍게 만든다. 쌉쌀한 맛이 특징인 그릴 채소를 곁들여 현대적인 악센트를 더했다.

구 성

랍스터 감자말이 구이
라디치오 그릴
화이트 아스파라거스 소테
노일리* 풍미 소스

상세 레시피 → p.221

*Noilly, 와인으로 만든 혼성주.

- 랍스터를 삶아서 껍질을 벗기고 흰살생선을 다져서 사이에 끼워 넣는다.
- 감자 슬라이스를 바삭해지기 직전까지 튀긴 뒤, 가장자리를 겹쳐서 시트처럼 나열한다. 그 위에 삶은 랍스터 살을 올려서 만든다(1-2). 올리브오일을 두른 철판에 올려서 굽는다(3). 제공할 때는 트러플 버터를 올리고 오븐에서 데운다(4).
- 라디치오를 올리브오일로 버무린 뒤 철판에서 굽는다(5). 프렌치드레싱, 소금, 후추로 버무린다. 화이트 아스파라거스는 버터와 함께 진공포장해서 10분 동안 찐 뒤, 세로로 2등분하여 소테한다(6). 탄 자국을 낸다.
- 접시에 노일리 풍미 소스를 깔고(7) 랍스터와 채소를 담은 뒤, 올리브오일과 타임꽃을 뿌린다(8).

POINT   고소한 향이 나도록 채소에 탄 자국을 내서,
랍스터나 소스의 풍미와 대비를 이룬다.

가리비, 스트라차텔라, 초록사과

가리비는 봄을 표현하는 재료이다. 이 시기의 가리비를 살짝 데우면 풍부한 향을 즐길 수 있다. 내추럴한 스트라차텔라(Stracciatella) 치즈로 가리비의 단맛을 살리고, 콩 샐러드를 곁들여 봄 향기 가득한 전채를 만든다. 「가리비는 따뜻하게, 샐러드는 차갑게」 제공하는 메뉴로, 온도의 대비도 봄을 표현한 것이다. 초록사과의 산뜻한 향과 아삭한 식감이 악센트가 된다.

구 성

가리비 푸알레
스트라차텔라 치즈
콩 샐러드
초록사과 리본
스냅완두 퓌레
캐비아

상세 레시피 → p.222

- 소금을 뿌린 가리비에 박력분을 뿌리고 기름을 두른 철판에 올려서 푸알레한다(**1**). 위아랫면에 구운 색을 내고, 옆면도 굴려서 익힌다(**2**). 오븐에 넣고 살짝 데워서 속은 반 정도만 익힌다.
- 각각 설탕, 소금을 넣은 끓는 물에 데친 스냅완두, 꼬투리강낭콩, 누에콩에 다진 에샬로트와 프렌치 드레싱을 넣어서 버무린다(**3**).
- 초록사과는 심을 제거하고 껍질 벗기는 기계를 이용하여 얇게 돌려깍기한다(**4**). 약 10㎝ 길이로 잘라서 돌돌 만다(**5**).
- 접시에 스트라차텔라 치즈를 깔고(**6**) 가리비를 올린다. 취향에 따라 캐비아를 얹는다. 콩 샐러드와 스냅완두 퓌레를 곁들이고 돌려깍기한 사과 리본을 올린다.

POINT 가리비는 철판에서 푸알레한다. 속은 반 정도만 익히고 따뜻하게 완성한다.

연어, 빨간 피망, 노란 파프리카

친한 셰프가 만들어준, 구운 빨간 피망 속에 마요네즈로 버무린 참치를 채운 요리가 맛이 좋아서, 응용하여 만든 메뉴이다. 구운 빨간 피망의 진한 맛과 매끈한 식감이 매우 기분 좋고, 냄새가 적은 생선에 잘 어울리는 요리다. 피망 속에 채워 넣는 연어 타르타르를 1/3 정도만 살짝 소테한 뒤 섞으면 맛에 깊이가 생긴다. 방울토마토와 노란 파프리카를 사용해 남유럽 스타일의 밝은 느낌으로 완성한 전채.

구 성

연어 타르타르 빨간 피망 말이
방울토마토 콩포트
토마토식초 줄레
노란 파프리카 퓌레
노란 파프리카 소스
리코타

상세 레시피 → p.222

- 〈타르타르〉 연어를 마리네이드 소금(소금 3 : 설탕 2)으로 6분 동안 마리네이드한 뒤 작게 깍둑썬다(**1**). E.V.올리브오일을 두르고 깍둑썬 연어의 1/3을 아주 살짝 소테한 뒤(**2**), 바로 식혀서 나머지 연어와 섞는다. 라비고트 소스(Ravigote, 식초와 허브 등으로 만드는 차가운 소스), 핀 제르브(다진 허브)를 넣어 버무린다(**3**).
- 빨간 피망은 껍질이 새까맣게 탈 때까지 구운 뒤(**4**) 껍질을 벗긴다. 씨를 제거하고 1장으로 펼친 뒤 연어 타르타르를 올려서 만다(**5-6**).
- 방울토마토과 타임을 토마토식초(토마토워터, 화이트 발사믹 식초, 소금)에 담가서 3시간 동안 절인다(**7**). 국물을 체에 걸러서 젤라틴을 넣고 줄레를 만든다.
- 접시에 노란 파프리카 퓌레를 깔고 연어 피망 말이, 방울토마토 콩포트, 줄레를 담는다(**8**). 리코타를 잘라서 올리고 노란 파프리카 소스를 둘러준다.

POINT　연어 타르타르는 일부를 살짝만 소테하여 맛에 깊이를 더한다.

문어, 토마토, 생햄, 치즈

현지에서 많이 잡히는 대문어는 조림에는 어울리지 않지만, 얇게 슬라이스해서 살짝만
익히면 향과 맛이 살아난다. 토마토는 문어와 두말할 필요 없는 궁합이라 토마토를 더
하고, 이탈리안 스타일의 요소를 조합해 여름에 어울리는 전채를 만들었다. 토마토에
곁들인 스트라차텔라 치즈는 부라타 치즈 속에 들어 있는 치즈로, 생크림과 섬유처럼
가늘고 긴 모차렐라 치즈가 섞여 있는 걸쭉한 치즈다.

구 성

문어 슬라이스와 빨판 소테
토마토
양하 라비고트
스트라차텔라 치즈
생햄 갈레트

상세 레시피 → p.223

- 대문어는 껍질을 벗긴다(**1**). 껍질에서 빨판을 떼어내고 살은 최대한 얇게 슬라이스한다(**2**).
- 문어 슬라이스와 빨판을 얇게 썬 마늘, 로즈메리와 함께 올리브오일로 살짝 소테하고, 바로 냄비
  째 얼음물에 담가 식힌다. 우스구치 간장, 레몬즙, 피망 데스플레트를 넣는다(**3-4**).
- 양하, 딜, 차이브를 다지고 라비고트 소스를 넣어서 섞는다(**5**).
- 〈생햄 갈레트(**6**)〉 파르마 프로슈토(돼지 뒷다리로 만든 이탈리아식 햄)를 슬라이서로 최대한 얇게
  썰어서 실리콘시트에 가지런히 놓고, 건조기에서 6시간 말린다.
- 스트라차텔라(**7**)를 접시에 깔고 자른 토마토를 올린 뒤, 양하 라비고트와 문어 소테를 얹는다(**8**).
  생햄 갈레트를 꽂는다.

POINT 문어는 얇게 슬라이스한 살과 빨판도 함께 소테하여,
식감의 차이를 즐길 수 있다.

화살꼴뚜기와 노란 주키니

프렌치 요리에서 오징어(꼴뚜기)는 소테 또는 타르타르로 만드는 경우가 대부분이다. 그래서 만들게 된 새로운 요리다. 화살꼴뚜기 다리를 장작불로 까맣게 탈 정도로 구워서 잘게 다진 뒤, 먹물 소스를 넣고 조려서 리소토 스타일로 완성하였다. 향이 상당히 진하며, 듬뿍 올린 노란 주키니 소테가 균형을 잡아준다.

구 성

화살꼴뚜기 리소토
화살꼴뚜기 장작구이
노란 주키니 소테
레몬 제스트 콩피튀르
실고추
라임 제스트

상세 레시피 → p.224

- 화살꼴뚜기를 손질해서 몸통과 다리로 나눈다. 다리에 올리브오일을 바르고 불꽃을 키운 장작불로 새까맣게 탈 때까지 굽는다(**1-2**). 트레이에 옮기고 밑에 얼음물을 받쳐서 식힌 뒤(**3**) 잘게 다진다(**4**).
- 마늘, 양파, 에샬로트 등을 올리브오일로 볶다가 다진 화살꼴뚜기 다리를 넣고 볶는다(**5**). 먹물, 콩소메, 남플라(피시 소스)를 넣고 조린다(**6**). 레몬 제스트 콩피튀르를 넣는다.
- 화살꼴뚜기 몸통에 올리브오일을 발라 장작불로 살짝 굽는다(**7**).
- 노란 주키니는 채썰어서 마늘과 함께 살짝 볶는다(**8**).
- 접시에 화살꼴뚜기 다리로 만든 리소토, 화살꼴뚜기 장작구이, 노란 주키니를 담고, 레몬 제스트 콩피튀르를 곁들인다.

POINT 리소토를 마무리할 때 레몬 제스트 콩피튀르를 넣어 깔끔하게 완성한다.

도도바리와 만간지고추

규슈에서는 바리류의 생선이 많이 잡히는데, 그중에서도 도도바리가 가장 감칠맛이 강하다. 껍질이 두꺼워서 그릴팬으로 껍질이 바삭해질 때까지 구우면 맛이 좋다. 이렇게 구운 도도바리에 여름채소를 듬뿍 곁들였다. 채소는 살짝 소테해도 좋지만, 과감하게 탄 자국이 날 때까지 구워서 고소한 풍미를 강조한다. 소스는 구운 만간지고추[万願寺とうがらし, 교토의 전통채소] 퓌레이다. 불맛을 베이스로 한 여름 메뉴.

구 성

도도바리 구이

여름채소 구이

풋콩

만간지고추 소스

청소엽 오일

주키니꽃

상세 레시피 → p.224

- 도도바리 필레(**1**)를 토막 낸다. 달군 그릴팬에 살쪽을 살짝 구운 뒤 뒤집어서 껍질쪽을 바삭하게 굽는다(**2-3**). 그런 다음 올리브오일을 발라서 오븐에 넣고 가열하여, 속까지 따뜻하게 데운다.
- 살짝 데친 꼬투리강낭콩을 장작불로 굽는다(**4**). 그릴팬에 구운 만간지고추와 오크라, 소테한 가지, 양하와 함께 블랙올리브 드레싱으로 버무린다(**5**).
- 만간지고추에 올리브오일을 바르고 그릴팬에 굽는다(**6**). 조미료, 올리브오일과 함께 믹서기에 넣고 갈아서(**7**) 퓌레 상태의 소스를 만든다.
- 만간지고추 소스를 깔고 도도바리를 담는다(**8**). 여름채소를 곁들인다.

POINT 도도바리의 두툼한 껍질은 장작불로는 잘 구워지지 않는다. 뜨겁게 달군 그릴팬으로 바삭하게 굽는다.

참치와 여름채소

참다랑어는 고기처럼 강력한 풍미가 있어서 장작불에 구워 스모키한 느낌을 살짝 더하면, 붉은 속살의 맛이 더욱 강하게 느껴진다. 물론 겉만 익히고 속은 레어 상태로 완성한다. 친한 농가에서 그날그날 보내주는 어린 채소를 조합하고, 여러 종류의 소스와 퓌레류를 곁들여 맛의 변화를 즐기면서 먹는다. 전체적인 이미지는 소고기요리에 가깝다.

구 성

참다랑어 구이
여름채소
알감자
양파 소스
그린 아유*
하리사**

상세 레시피 → p.225

* 바질을 넣은 마늘 페이스트.
** Harrisa, 고추와 향신료를 갈
아서 만든 페이스트.

- 참다랑어는 천연자원을 보호하기 위해 기본적으로 양식 참다랑어를 사용한다. 두툼하게 잘라 소금을 뿌린다(**1-2**). 올리브오일을 바르고 불꽃을 키운 장작불 위에 올린 철망에 놓고, 스모키한 향을 입히면서 모든 면을 굽는다(**3-4**). 2조각으로 나눈다(**5**).
- 어린 우엉, 주키니, 영콘 외에, 그때그때 사용할 수 있는 어린 채소를 철판에서 소테한다. 미니 양파는 오븐에 굽고, 래디시는 자른다(**6**). 알감자는 구워서 드레싱으로 버무린다(**7**).
- 참다랑어를 접시에 담고 소스류와 채소를 곁들인다(**8**).

POINT 참다랑어는 불꽃을 키운 장작불로 구워, 표면에 고소한 향을 충분히 입힌다.

3

이노우에 가즈히로 / 레스토랑 우오젠

KAZUHIRO INOUE
Restaurant UOZEN

도쿄 생활에서 벗어나 니가타 산조로.
직접 체험하는 고기잡이, 사냥, 농사를 통해
요리를 향한 에너지를 얻는다.
새로 발견한 식재료의 개성, 생명력을
한층 더 맛있게 승화시킨다.

털게, 버터넛 스쿼시

전통 스타일의 「게살」 전채에 밭에서 딴 채소를 조합한 메뉴. 게살, 버터넛 스쿼시(땅콩호박) 퓌레, 아메리칸 소스 에스푸마를 조합하고, 식감과 니가타의 특색을 살리는 악센트로 연어알을 올렸다. 버터넛 스쿼시의 부드러운 단맛이 털게의 섬세한 단맛과 잘 어울린다. 색상도 아메리칸 소스와 비슷해 갑각류와 조합하기 좋은 채소이다. 겨울에는 눈 밑에서 숙성시켜 단맛이 강한 유키시타[雪下] 당근을 사용하기도 한다.

구 성

털게 아이올리 무침
버터넛 스쿼시 퓌레
아메리칸 소스 에스푸마
연어알
고시히카리 퍼프
금련화잎
레드 소렐(어린잎)

상세 레시피 → p.226

- 털게를 끓는 소금물에 삶은 뒤 살을 발라낸다(**1**). 내장은 따로 보관한다.
- 게살에 다진 에샬로트를 넣고 비네그레트 소스와 가구라난반[神楽南蛮, 니가타 특산 고추]으로 맛을 낸 아이올리 소스를 넣어 골고루 섞는다(**2-3**).
- 털게 내장을 중탕으로 데워서 그릇 중앙에 담는다(**4-5**). 그 위에 털게 아이올리 무침을 담고(**6**), 버터넛 스쿼시 퓌레를 올린다(**7**). 털게 아메리칸 소스를 넣은 사바용 에스푸마를 짠다(**8**).
- 연어알, 고시히카리 퍼프, 금련화잎, 레드 소렐 등을 올린다.

POINT   금련화잎의 알싸한 맛, 소렐의 신맛, 쌀 퍼프의 식감이 맛의 하모니를 살려준다.

화살꼴뚜기 타르타르

원래는 다시마 사이에 끼워서 절인 꼴뚜기로 만들었는데, 다시마로 절인 뒤 돌가마에 넣고 살짝 구웠더니 단맛이 더 돋보이고, 날것과는 다른 쫄깃한 식감이 생겨 임팩트가 강해졌다. 그렇게 만든 타르타르에, 금귤 콩포트의 단맛과 신맛, 가구라난반의 향, 아이올리의 깊은 맛, 흑미 퍼프의 식감을 더해, 입체적인 풍미로 완성하였다.

구 성

화살꼴뚜기와 금귤 타르타르
가구라난반 풍미 아이올리
졸인 간장
흑미 퍼프
차이브
금련화꽃
상세 레시피 → p.226

- 니가타 앞바다에서 겨울~초봄에 잡히는 화살꼴뚜기를 사용한다(**1**). 소금을 뿌리고 청주로 표면을 닦은 다시마 사이에 끼워서 15분 정도 둔다(**2**). 올리브오일을 양면에 바르고 석쇠 사이에 끼우고 돌가마(400~450℃)에 넣어서 굽는다(**3**). 한쪽 면을 10초 정도 구운 뒤, 뒤집어서 10초 정도 더 굽는다(**4**). 표면의 두께 0.5mm 정도가 하얗게 변하고, 속은 익지 않은 「다타키」 상태가 된다.
- 구운 꼴뚜기를 작고 네모나게 썬다.
- 금귤 콩포트(**5**)를 다진다. 다진 꼴뚜기와 섞고 다진 에샬로트, 비네그레트 소스를 넣어 섞는다(**6**). 원형틀에 채우고 가구라난반 풍미의 아이올리 소스와 졸인 간장을 짠다(**7**). 흑미 퍼프, 차이브, 금련화꽃을 올린다(**8**).

POINT   꼴뚜기 다시마절임은 지나치게 절이지 말고,
살짝 수분을 제거하는 정도로 절인다.

사도 굴 아이스크림

사도[佐渡]섬의 굴은 특유의 바다냄새가 강해서 생으로 먹든 익혀서 먹든 다소 거친 느낌을 준다. 그런 개성을 긍정적으로 살리기 위해 생각해낸 방법이 아이스크림이다. 향이 강해서 얼려도 풍미가 남는다. 또한 우유와 조합하면 밀키한 느낌도 보충할 수 있다. 중요한 포인트는 짠맛 조절인데, 알맞게 조절하면 기분 좋은 여운이 입안에 퍼진다.

구성

굴 아이스크림
다시마 파우더
셀러리 파우더
화이트 발사믹 타피오카
알리슘*

상세 레시피 → p.227

*Alyssum, 식용꽃

- 사도섬의 가모[加茂]호에서 양식하는 굴(**1**). 늦가을~봄까지 채취하며 2~3월이 가장 맛있다.
- 껍데기째로 15분 동안 찐 뒤 살을 빼낸다(**2-3**). 쥐는 체에 걸러서 따로 보관한다.
- 굴과 쥐, 우유, 생크림을 넣고(**4**) 한소끔 끓인다. 믹서기로 갈아서 체에 내린다(**5**). 소금으로 간을 한다. 트리몰린(전화당)을 첨가하고 아이스크림 기계에 넣어서 돌린다(**6**).
- 아이스크림을 굴 껍데기에 담아 냉동한다(**7**).
- 제공할 때는 다시마 파우더와 셀러리 파우더를 뿌려서 굴의 풍미를 강조한다(**8**).

POINT   짠맛이 약하면 바다냄새가 강하게 느껴지므로 짠맛을 최대한 살린다.

아귀 프로마주 드 테트

돼지 머릿고기와 젤라틴으로 만드는 프로마주 드 테트(Fromage de Tête)를 아귀로 응용
하였다. 프렌치 요리에서 아귀는 살만 사용하지만, 이렇게 만들면 쫄깃한 껍질의 맛과
내장의 질감을 포함한 아귀의 개성을 모두 맛볼 수 있다. 또한 아귀의 쥐만으로는 감칠
맛에 깊이가 부족하기 때문에, 지비에 콩소메를 반 정도 섞어서 젤리화한다. 아귀 간으
로 맛을 낸 가벼운 비스크(Bisque, 해산물 수프)를 곁들인다.

구 성

아귀 프로마주 드 테트
아귀 간 비스크
머위 꽃줄기 라비고트
흑마늘 퓌레
개다래 피클

상세 레시피 → p.227

- 아귀는 껍질을 벗기고 내장을 꺼낸 뒤 필레로 손질한다(**1**-**2**). 아가미와 창자는 버린다. 필레를 종이
로 싸서 물기를 뺀다.
- 껍질에 소금을 뿌리고 잘 주무른다(**3**). 물로 씻는다.
- 창자를 제외한 나머지 내장, 껍질, 필레를 각각 트레이에 가지런히 담고, 소금과 화이트와인을 뿌린
다(**4**). 스팀컨벡션 오븐에서 20~30분 찐다(**5**). 식혀서 각 부위를 네모나게 썬다. 아귀 간은 비스크
용으로 일부 남겨둔다.
- 바닥이 분리되는 사각틀에 골고루 담고, 아귀 뼈로 우려낸 쥐에 지비에 콩소메, 가룸, 젤라틴을 섞어
서 붓고 식혀서 굳힌다(**6**).
- 〈비스크〉 찐 아귀 간, 우유, 생크림을 냄비에 담아 데운 뒤(**7**), 퐁 드 아메리칸을 넣고 핸드 블렌더로
거품을 낸다(**8**).

POINT 아귀는 살, 껍질, 내장(창자 제외), 육수까지 모두 사용한다.

사도 모란새우 돌가마구이, 번 크림

사도에서도 모란새우가 잡히는데, 「다라바에비(たらばえび)」라고 부른다. 이곳에 와서 처음 만들었지만, 끈적한 생모란새우에 머리와 껍질로 우려낸 콩소메 젤리를 씌운 메뉴는 어느덧 우리 가게의 간판메뉴가 되었다. 여기서 소개하는 돌가마구이는 응용 메뉴이다. 돌가마의 열로 살짝 익혀서, 새우의 단맛과 향을 가두었다. 또한 뜨거운 숯으로 향을 낸 생크림을 곁들여 「그릴 느낌」을 강조하였다.

구 성

모란새우 돌가마구이
번 크림
모란새우 아메리칸 소스

상세 레시피 → p.228

- 모란새우에는 동양적인 향이 잘 어울린다. 2번째 우린 지비에 콩소메에 셰리주, 레몬그라스, 카피르 라임 잎을 넣고 새우를 담가서 마리네이드한다(**1**).
- 물기를 닦고 마늘 오일을 바른다(**2**). 돌가마에 넣고 한쪽 면을 20초 정도 구운 뒤, 뒤집어서 다시 돌가마에 넣고 20초 정도 굽는다. 표면을 살짝 익힌다(**3-5**).
- 〈번 크림〉 장작을 돌가마에 넣고 구워서 잉걸불 상태로 만든 뒤 생크림에 담근다(**6-7**). 끓는 것이 잦아들고 상온으로 식으면, 냉장고에 하룻밤 넣어둔다. 제공할 때는 체에 걸러서 셰리비네거를 넣고 휘핑한다.
- 모란새우의 머리와 껍질로 우려낸 퐁 드 아메리칸을 살짝 졸인 뒤 간을 해서 소스를 만든다(**8**).

POINT 껍질이 붙어 있는 모란새우를 돌가마에 넣고 한 면씩 살짝 굽는다.
표면은 살짝 익고 속은 익지 않아 걸쭉한 상태로 만든다.

사도 명주매물고둥, 자연산 땅두릅

명주매물고둥은 바다냄새가 많이 나는데, 사도산 명주매물고둥은 감칠맛이 깔끔하고
진하다. 가열하면 육즙이 듬뿍 우러나와, 그대로 마셔도 맛있어서 수프로 만들었다. 살
은 두릅과 함께 허브버터를 두르고 볶는다. 에스카르고 버터를 응용한 것인데, 마늘은
넣지 않고 고둥과 두릅의 자연스러운 향을 그대로 살렸다. 봄 고둥의 감칠맛, 바다의 미
네랄, 산의 미네랄을 조합한 메뉴.

구 성

명주매물고둥과 두릅 부르기뇽*
감귤 풍미 뵈르 블랑 소스**
두릅 블랑시르 디스크
차이브꽃
명주매물고둥 포타주

상세 레시피 → p.228

* Bourguignon, 부르고뉴식 요리.
** beurre blanc, 화이트와인과 버터를
   사용한 소스.

- 고둥을 냄비에 넣고 술을 뿌린 뒤 뚜껑을 덮고 가열한다. 육즙이 듬뿍 우러난다(**1**). 2번째
  우려낸 지비에 콩소메(**2**)와 다시마 육수를 넣는다. 양파와 생강을 넣고 끓으면 거품을 걷어
  낸 뒤, 2~3시간 뭉근히 끓인다(**3**). 불을 끄고 상온으로 식힌다. 건더기와 국물로 나누고, 국
  물은 체에 걸러서 졸인다.
- 생크림과 우유를 데운 뒤 졸인 국물을 넣는다(**4**). 핸드 블렌더로 휘핑한다.
- 고둥 살은 깍둑썰기(**5**)하고, 두릅과 함께 안초비 풍미의 허브버터를 두르고 볶는다(**6**). 원형
  틀에 담고 뵈르 블랑 소스를 뿌린 뒤(**7-8**), 두릅 디스크를 올린다.

POINT 지비에와 다시마 육수를 넣고 끓여서
명주매물고둥의 깔끔한 감칠맛을 끌어낸다.

산천어와 염소젖 세르벨 드 카뉘

산속의 맑은 물에서 양식하는 산천어를 사용한다. 수조에 두었다가 신케지메한 뒤 손질해서 마리네이드한다. 알도 매우 깨끗하기 때문에 소금에 절여서, 「산에서 나는 캐비아」를 만든다. 여기에 물기를 제거하고 허브를 넣은 염소젖 요구르트와 갓 구운 블리니(Blini, 러시아식 팬케이크)를 곁들여서, 「세르벨 드 카뉘(Cervelles de canut, 허브 등으로 맛을 낸 프로마주 블랑에 빵과 채소를 찍어먹는 리옹 요리)」 스타일로 조합한다.

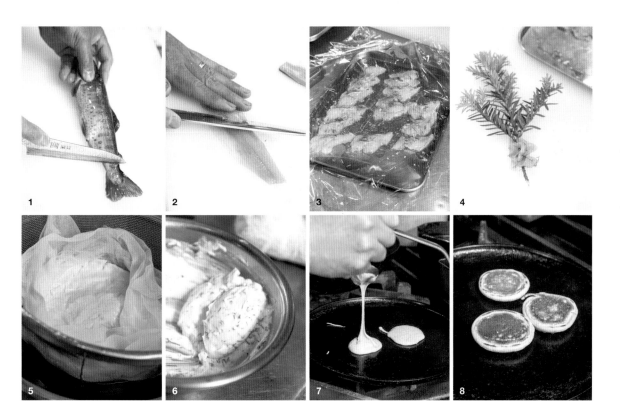

구 성

산천어 마리네이드
산천어 캐비아
염소젖 세르벨 드 카뉘
블리니

상세 레시피 → p.229

- 살아있는 산천어를 잡아서 신케지메한다(**1**).
- 필레로 손질해서 얇게 저민다(**2**). 소금과 설탕을 뿌려서 10분 정도 그대로 둔 뒤, 다진 펜넬과 E.V.올리브오일을 뿌려서 20~30분 정도 마리네이드한다(**3**). 2~3장씩 작은 침엽수 가지에 꽂는다(**4**).
- 염소젖 요구르트를 거즈로 감싸 하룻밤 두고 물기를 제거한다(**5**). 이렇게 하면 프로마주 블랑 같은 식감으로 변한다. 펜넬, 차이브, 칼라만시 비네거로 맛을 낸 뒤 럭비공모양으로 만든다(**6**). 본고장의 세르벨 드 카뉘와 다르게, 마늘은 사용하지 않는다. 제공할 때는 허브 오일을 곁들인다.
- 메밀가루와 박력분을 7:3의 비율로 넣고 블리니 반죽을 만들어서, 반나절 휴지시킨 뒤 굽는다(**7-8**).

POINT <u>산천어는 반드시 살아있어야 한다. 살아있는 상태에서 손질한다.</u>

뱅어, 고수, 사도 귤

뱅어는 익혀야 맛이 섬세해진다. 식감도 마찬가지여서 돌가마에 넣고 살짝 익히면 신기할 정도로 「폭신하고 살살 녹는」 식감이 된다. 오일과 궁합이 좋아서 고수 제노베제로 버무린 뒤, 사도 귤의 향과 발효시킨 가구라난반[かぐら南蛮]의 깊은 맛과 신맛을 더한다. 가구라난반 파우더는 밭에서 직접 길러 완전히 익힌 고추를 발효시켜서 가루로 만든 것이다. 발효시키지 않은 매운맛 파우더와 구분해서 사용한다.

구 성

뱅어 돌가마구이
고수 제노베제
사도 귤껍질 파우더
발효 가구라난반 파우더

상세 레시피 → p.229

- 뱅어(**1**)를 가마구이용 고운 망에 올려서 소금을 뿌리고 갈릭오일을 분사한다(**2**). 망을 돌가마 입구에 넣어 뱅어를 익히고(**3**) 7~8초 뒤에 꺼내서 골고루 익도록 섞은 뒤(**4**), 다시 돌기마에 몇 초 동안 넣어서 살짝 익힌다.
- 볼에 담고 고수 제노베제로 버무린다(**5**).
- 접시에 담고 2가지 파우더를 뿌린다(**6**). 첫 번째는 사도 귤껍질 파우더(**7**)이고, 두 번째는 가구라난반(고추)에 소금을 뿌리고 발효시킨 뒤 수분을 제거하고 말려서 간 가루이다(**8**).

POINT 뱅어는 반 정도만 절묘하게 익힌다.

홍송어와 산채 갈레트

계류낚시(시냇물 낚시)로 잡은 홍송어를 어떻게 요리할지 고민하다가, 통째로 튀겨서 콩소메 베이스의 양념장을 묻힌 뒤, 가바야키[かば焼き, 양념을 바르면서 굽는 방법]로 구웠다. 그리고 소금에 절인 곰 라르도, 산채와 함께 메밀가루 갈레트 위에 올려서 제공하는데, 먹을 때는 갈레트로 잘 말아서 머리와 뼈까지 바삭하게 먹는다. 섬세한 은어로는 만들 수 없지만, 홍송어이기 때문에 강하고 개성적인 조합이 잘 어울린다. 코스 중에 손으로 집어서 먹는 요리를 반드시 1가지씩 넣고 있는데, 그중 하나이다.

구 성

홍송어 가바야키
메밀가루 갈레트
곰 라르도
고추냉이잎 피클
개다래 피클
미나리잎 샐러드
메밀 퍼프
뎃카미소*
초피 풍미 아이올리

상세 레시피 → p.230

- 홍송어(1)의 내장을 제거하고 소금을 뿌린 뒤 박력분을 묻혀서 튀긴다(2). 지비에 콩소메(태운 버터로 깊은 맛을 내고, 칼라만시 비네거로 깔끔하게 완성)를 졸인 뒤, 계속 바르면서(3) 샐러맨더로 구워 맛이 충분히 배어들게 한다(4-5).
- 메밀가루 갈레트를 굽고 큰 원형틀로 찍어낸다. 고추냉이잎 피클을 깔고(6) 홍송어를 얹은 뒤, 소금에 절인 곰 라르도를 올린다(7). 미나리잎 샐러드를 담고 메밀 퍼프와 뎃카미소를 조금 뿌린 뒤, 초피 풍미 아이올리를 곁들인다(8).

POINT 홍송어는 뼈까지 먹을 수 있도록 충분히 튀긴다.
「양념장 바르기→굽기」를 몇 번 반복해서 맛이 잘 배어들게 한다.

★ 鉄火味噌, 아카미소에 뿌리채소, 볶은 콩 등을 섞은 것.

산채와 참돔 바푀르

니가타산 참돔은 살이 부드럽다. 그 섬세함을 살리기 위해 오로지 「찜」으로 조리한다.
75℃ 스팀컨벡션 오븐으로 부드럽게 가열해 폭신하게 완성한다. 여기에 여러 가지 산채
를 조합한다. 위에 뿌리는 거품은 참돔 퓌메에 생크림을 넣은 심플한 소스로 만드는데,
부드럽고 촉촉하게 산채의 신선한 향을 살려준다.

＊ 바푀르(Vapeur) : 증기로 찌는 조리법.

구 성

참돔 바푀르
산채 블랑시르
머위 꽃줄기 피클
야생 산파
쌀 퍼프
참돔 퓌메 소스

상세 레시피 → p.230

- 사도산 참돔(**1**). 참돔 필레를 약 1.5㎝ 폭으로 잘라서 소금을 뿌린다(**2**). 10분 정도 지나서 살이 투명해지면 네모나게 썰고, 버터를 바른 원형틀 안에 담는다(**3**). 표면에 버터를 바르고 75℃ 스팀컨벡션 오븐에서 13분 동안 굽는다.
- 산채는 파드득나물, 시도케[シドケ, 국화과에 속하는 단풍잎모양 산채], 개옥잠화, 청나래고사리의 어린잎을 사용한다(**4**). 청나래고사리의 어린잎은 소금과 E.V.올리브오일을 넣고 끓인 물에 45초~1분 정도 데치고, 나머지는 7~8초 데친 뒤 얼음물에 담갔다 건져서 물기를 제거한다(**5-6**). 청나래고사리는 두께를 반으로 가른다.
- 참돔 위에 머위 꽃줄기 피클(**7**)과 야생 산파를 올린다. 파드득나물을 깐 접시에 놓고 원형틀을 제거한다(**8**). 나머지 산채를 얹고 거품 소스를 올린 뒤 쌀 퍼프를 뿌린다.

POINT 참돔 퓌메는 뼈와 양파에 다시마, 청주, 물을 넣고 우려낸 가벼운 느낌의 육수이다.

참치 트리파 브로셰트

현지 생선만으로 메뉴를 구성할 때는 「메인 부위뿐 아니라 모든 부위를 남김없이 사용」
하는 것이 장점이자 꼭 필요한 일이기도 하다. 특히 식재료 종류가 부족한 시기에는, 평
소에 사용하지 않는 부위로 변화를 준다. 참치의 위장이나 염통은 식감이 재미있고 맛
도 좋은 부위다. 다만 신선도가 중요하기 때문에, 직접 잡은 뒤 배 위에서 손질하고 얼
음물에 담근 채로 가져와 바로 조리한다.

★트리파(Trippa) : 소의 위장, 여기서는 참치 위장을 말한다. / 브로셰트(Brochette) : 꼬치요리.

구 성

참치 트리파 브로셰트
부르기뇽 버터
고수꽃

상세 레시피 → p.231

- 참치 위장을 소금으로 주물러서 물로 씻는다(**1**). 가장자리의 딱딱한 부분은 잘라낸다(**2**).
- 소금을 뿌려서 트레이 위에 놓고 생강을 얇게 저며서 얹은 뒤 정주를 뿌린다(**3**). 비닐랩을 씌우고
  100℃에서 1시간~1시간 반 동안 찐다. 완성된 상태(**4**). 약 3㎝ 폭으로 썬다(**5**).
- 마늘을 넣지 않은 생햄 풍미의 부르기뇽 버터(**6**)를 준비한다. 다양한 허브를 버터에 넣어서 섞고, 생
  햄과 아몬드가루로 감칠맛을 더한다. 이 버터를 참치 위장과 함께 냄비에 넣고 데워서 골고루 섞는
  다(**7**). 마지막은 샐러맨더로 구워서 마무리한다.
- 완성되면 참치 뼈에 꽂고 고수꽃을 올린다(**8**).

POINT　마늘을 넣지 않은 부르기뇽 버터로 고급스러운 향과 깊은 맛을 더한다.

은어 비스크

은어로 만든 프렌치 스타일의 페이스트 「리예트(Rillettes)」를 크림 베이스의 수프 「비스크」로 변화시켰다. 통째로 구운 은어와 향미채소, 푸아그라, 레드와인, 2번째 우린 콩소메를 넣고 끓여서 페이스트로 만든 뒤, 우유와 생크림을 섞어서 거품을 낸다. 풍미의 포인트는 주니퍼베리로, 은어 내장의 향을 잘 살려준다. 지인이 계곡에서 잡은 작은 은어를 하룻밤 말린 뒤 돌가마로 구워 비스크 그릇 위에 올려서, 은어를 머리부터 씹으면서 비스크를 즐긴다.

구 성

은어 비스크
말린 은어 구이
스파이스 미소
메밀 퍼프
톱풀꽃
초피잎

상세 레시피 → p.231

- 〈비스크 베이스〉(**1**). 양파와 마늘을 쉬에한 뒤, 그 냄비에 소금과 주니퍼베리로 마리네이드하여 구운 은어, 푸아그라, 레드와인, 2번째 우린 지비에 콩소네를 넣고 끓여서 푸드프로세서로 간다.
- 비스크 베이스에 우유와 생크림을 섞고 데워서 거품을 낸다(**2-3**).
- 3% 소금물에 은어를 15분 동안 담갔다 건져서 하룻밤 말린다(**4**). 돌가마로 고소하게 굽는다(**5-6**).
- 정향과 카르다몸을 섞은 스파이스 미소를 은어 위에 점점이 짠다(**7**).
- 비스크 위에 띄우는 메밀 퍼프에도 스파이스 미소를 조금 넣고 섞는다(**8**).

POINT 비스크 위에 올리는 은어는 하룻밤 말린 반건조 상태에서 돌가마로 살짝 굽는다.

바위굴, 유바

사도산 바위굴을 57~60℃의 다시마 육수에 넣고 온도를 유지하면서 천천히 익힌다. 완
전히 익히지 말고 반 정도만 익혀서, 폭신하고 부드러우며 특유의 밀키한 맛을 즐길 수
있게 완성한다. 온도 조절이 가장 중요한 포인트이다. 굴의 풍미와 식감에 어울리는 생
유바를 곁들이고, 파래를 넣은 지비에 콩소메 줄레로 감칠맛과 바다향을 더했다.

구 성

바위굴 포셰
생유바
파래 콩소메 줄레
금련화 꽃과 잎
상세 레시피 → p.232

- 사도산 바위굴(**1**). 껍데기를 열고 굴을 빼내서 살짝 씻은 뒤, 57~60℃로 데운 다시마 육수에 넣는
  다. 온도를 그대로 유지하면서 7분 동안 가열한다(**2**).
- 냄비째 얼음물에 담가 식힌다(**3**).
- 지비에 콩소메 줄레(**4**)에 파래와 가룸을 넣는다.
- 굴 껍데기에 생유바를 담고(**5**) 굴과 줄레를 올린다(**6**).

POINT 굴 포셰는 냄비째 얼음물로 식힌다.
굴의 감칠맛이 빠져나가지 않도록 식으면 바로 물기를 빼서 제공한다.

북쪽분홍새우, 다시마, 옥살리스, 고시히카리 샐러드

생모란새우와 콩소메 젤리로 만드는 간판 요리를, 모란새우가 없는 계절에는 북쪽분홍
새우(단새우)로 만든다. 새우는 다시마로 살짝 절여 수분량을 조절한 뒤, 카피르 라임
잎을 넣은 오일로 마리네이드한다. 고시히카리 샐러드, 북쪽분홍새우 콩소메 젤리와 겹
쳐서 담고, 밭에서 키운 허브를 듬뿍 사용한 향기로운 허브 오일을 곁들여서, 여름에 어
울리는 샐러드로 완성한다.

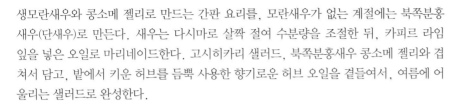

구 성

북쪽분홍새우 마리네이드
북쪽분홍새우 콩소메 시트
고시히카리 샐러드
허브 오일
옥살리스

상세 레시피 → p.232

- 사도 앞바다에서 잡은 북쪽분홍새우를 사용한다(**1**). 껍질을 벗기고 청주로 표면을 닦은 다시마
  사이에 끼워서 1시간~1시간 반 정도 절인다(**2**). 카피르 라임 잎 오일을 뿌린다. 이 오일은 해바라
  기오일과 올리브오일을 섞은 것에 카피르 라임 잎을 넣어서 만든 아시안 풍미의 향오일(**3**)이다.

- 〈고시히카리 샐러드〉 고시히카리 쌀을 삶은 뒤, 루이유, 비네그레트 소스, 다진 차이브를 넣고 버
  무린다(**4**).

- 북쪽분홍새우의 머리와 껍질을 베이스로 콩소메를 만든 뒤, 트레이에 얇게 붓고 식혀서 굳힌다.
  원형틀로 찍어낸다(**5**). 그 위에 고시히카리 샐러드를 올리고 북쪽분홍새우를 가지런히 놓은 뒤,
  카피르 라임 잎 오일을 바른다(**6-7**). 원형틀을 제거하고 허브 오일을 주위에 두른다(**8**). 옥살리스
  로 보기 좋게 장식한다.

POINT 북쪽분홍새우는 오래 절이지 않는다. 여분의 수분을 빼는 정도면 충분하다.

창꼴뚜기 돌가마구이, 완두 프랑세즈

니가타 앞바다에서 여름에 잡히는 창꼴뚜기는 크기는 크지만 살이 부드럽다. 돌가마에서 한쪽 면만 살짝 구워 고소한 향을 살리고 식감에 변화를 준다. 펜넬향을 더하고, 완두 퓌레로 만든 소스를 곁들여 초여름 메뉴로 완성하였다. 마무리로 가쓰오부시가 아닌 시카부시(사슴 정강이 살을 염장한 뒤 말린 것)를 갈아서 뿌려 감칠맛을 더한다.

구 성

창꼴뚜기 돌가마구이
완두 퓌레 소스
발효 가구라난반 파우더
시카부시
셀러리 새싹

상세 레시피 → p.233

- 창꼴뚜기의 얇은 껍질을 벗기고 칼로 촘촘히 칼집을 낸다(**1**). 안쪽에 소금을 뿌려 10분 정도 그대로 둔 뒤, 석쇠에 올려 돌가마에 넣고 10초 정도 굽는다(**2**). 가마 안은 위쪽에서 열기가 내려오므로 윗면이 마르면서 살짝 수축되고, 전체적으로는 따뜻한 상태(**3**)가 된다. 그 상태에서 가늘게 채썬다. 자른 단면으로 익은 정도를 알 수 있다(**4**).
- 펜넬씨와 E.V.올리브오일을 넣고 버무린다(**5**).
- 〈완두 퓌레 소스〉 데친 완두와 볶은 에샬로트에 2번째 우려낸 지비에 콩소메를 함께 넣고 끓여서, 믹서기로 간 뒤 급랭시킨다(**6**). 데워서 우유를 넣어 풀어주고, 데친 완두를 넣는다.
- 꼴뚜기를 접시에 담고 퓌레 소스를 올린다(**7**). 손님 테이블 위에서 시카부시를 갈아서 뿌린다(**8**).

POINT   꼴뚜기는 한쪽 면만 구워서 식감이 대비를 이루게 한다.

광어 돌가마구이,
발효 토마토, 머위 꽃줄기 피클

가게를 오픈한 뒤 생선구이는 숯불이나 장작불로 굽다가 새롭게 돌가마를 도입하였다.
돌가마에 구우면 생선 고유의 향이 더 자연스럽게 살아나고, 좀 더 부드럽게 구워진다.
광어는 돌가마 앞쪽에서 낮은 온도로 천천히 굽고, 불볼락의 경우에는 돌가마 안쪽에서
고온으로 구워 겉은 바삭하고 속은 살짝 익혀 탱탱하게 만드는 등, 가마 속 온도 차이를
잘 이용하여 굽는다.

구 성

광어 돌가마구이
발효 토마토 크림소스
우엉과 블랙올리브 퓌레
펜넬 로스트
허브 오일

상세 레시피 → p.233

- 광어(**1**)를 토막 낸 뒤 소금을 뿌리고 1시간 정도 그대로 둔다. 올리브오일을 뿌리고(**2**) 석쇠에 올려,
  돌가마 앞쪽의 온노가 낮은(130~150℃) 위치에서 천천히 굽는다(**3**). 익기 시작하면 돌가마 안쪽의
  온도가 높은(350℃) 위치로 옮겨서 20~30초 가열하여 완성한다.
- 껍질을 벗기고 뼈에서 살을 발라낸다(**4**).
- 머위 꽃줄기 피클(**5**)을 다진다.
- 생크림에 발효 토마토 즙(자른 토마토에 소금을 뿌리고 진공포장하여 상온에 1주일 둔 뒤 액체만 거른
  것)을 넣고 끓인다(**6**). 피클도 넣어서 알맞게 졸인다(**7**). 광어를 접시에 담고 그 위에 끼얹는다(**8**).

POINT   발효 토마토 즙과 머위 꽃줄기 피클을 넣어서 졸인 생크림 소스로,
              광어의 풍미를 부드럽게 감싼다.

사도 전복 시베

사도 전복은 바다냄새가 강하다. 섬세한 풍미를 추구하기 보다는 강한 야생의 맛을 강조하고 외투막과 내장까지 모두 사용하여 개성을 표현하기 위해, 「시베(Civet, 지비에에 레드와인을 넣어 끓이는 스튜의 일종)」를 선택하였다. 내장류, 흑마늘, 아카미소 등으로 맛의 베이스를 제대로 만들고, 레드와인 소스(베이스는 지비에 퐁)에 넣어 완성한다. 농밀한 감칠맛이 전복의 개성을 한층 돋보이게 해준다.

구 성

전복찜 푸알레
전복 시베 소스
백합뿌리 로스트
백합뿌리 퓌레

상세 레시피 → p.234

- 사도산 전복(**1**)을 수세미로 잘 씻어서 껍데기째 다시마, 화이트와인, 가룸, 2번째 우린 지비에 콩소메와 함께 진공포장한 뒤, 90℃로 예열한 스팀컨벡션 오븐에 넣고 4~5시간 가열한다(**2-4**). 식으면 관자, 외투막, 간, 국물로 나눈다.
- 〈시베 베이스〉에샬로트, 전복 간, 흑마늘을 볶은 뒤 레드와인, 아카미소, 전복찜 국물을 넣고 끓여서 믹서기로 간다. 이 퓌레가 시베의 베이스가 된다.
- 레드와인 소스에 시베 베이스를 넣고 끓인다(**5**).
- 버터를 두르고 찐 전복을 고소하게 소테한다(**6**). 기름기를 빼고 잘라서 소스에 넣고 데운다(**7-8**).

POINT 전복은 껍데기째 진공포장한 뒤 쪄서, 바다냄새가 날아가지 않게 한다.

4

아이하라 가오루 ∕ 산플리시테

KAORU AIHARA
Simplicité

신선한 생선을 「숙성시켜서」 탄생하는 맛과 식감은
요리에 어떤 활력을 줄까.
일본 생선의 개성과 고유의 숙성기법을 탐구하여,
새로운 프렌치 요리의 세계를 개척한다.

이리와 오징어 먹물

타르틀레트의 아파레유가 까만 것은 오징어 먹물을 사용하기 때문이다. 언뜻 보기에는 특이한 조합 같지만, 대구 이리의 밀키한 풍미와 걸쭉한 식감을 오징어 먹물의 깊은 맛이 잘 살려주고, 또한 흰색과 검은색의 대비도 재미있다. 살짝 구운 드라이 토마토 조각이 풍미와 식감의 악센트 역할을 한다. 처음 요리를 배운 레스토랑 〈라 마레(La Marée)〉의 「성게 키슈」를 오마주한 메뉴.

구성

이리와 오징어 먹물 타르틀레트
온센타마고 노른자
루이유
드라이 토마토

상세 레시피 → p.235

- 손질한 대구 이리(**1**)를 다시마 육수와 함께 진공포장하고, 68℃ 물에서 10분 가열한다(**2**).
- 타르틀레트에 온센타마고 노른자를 올리고 소금을 뿌린다(**3**). 이리를 올리고 아파레유(다시마 육수, 달걀노른자, 생크림, 먹물 소스를 섞고, 소금으로 간을 맞춘 것)를 채운다(**4-5**). 드라이 토마토를 올리고 샐러맨더로 1~2분 정도 가열한다(**6**).

POINT 이리는 혈관을 꼼꼼히 제거하고
흐르는 물에 담가서 핏물을 완전히 뺀다.

훈제 정어리

정어리를 숙성시키면 감칠맛이 깊어져 맛이 순해지며, 살은 폭신하고 부드러워진다. 여기에 살짝 연기를 쐬서 감칠맛에 변화를 주고, 김으로 맛을 낸 쌀칩을 얹어 식감을 대비시킨, 「스시」스타일의 스타터이다. 대나무숯으로 색을 낸 구운 대파 크림으로 불맛을 보충하고, 아삭한 식감의 생강 단촛물절임으로 뒷맛을 깔끔하게 마무리하였다.

구 성

훈제 정어리
생강 단촛물절임
구운 대파 크림
김맛 쌀칩

상세 레시피 → p.235

- 손질한 정어리 살에 소금물을 분사한다(**1-2**). 이 소금물은 염분 농도 20%의 오키나와 농축해양심층수로, 생선 살에 잘 배어든다. 그대로 15분 동안 둔다.
- 종이로 물기를 닦고 진공팩에 넣어(**3**), 얼기 직전 온도에서 5일 이상 숙성시킨다. 정어리 상태에 따라 숙성 피크가 다르므로 매일 상태를 확인하고 사용한다.
- 숙성시킨 정어리의 껍질을 벗기고 잘라서 정리한다(**4**). 정어리 위에 생강 단촛물절임을 보기 좋게 올리고 차이브를 얹는다(**5**). 구운 대파 크림을 점점 짠다.
- 정어리를 김맛 쌀칩에 올리고, 포도가지를 깐 접시에 담는다. 유리뚜껑을 씌우고 스모크건을 이용하여 틈새로 연기를 넣는다(**6-7**). 이 상태로 제공하고(**8**) 테이블 위에서 뚜껑을 연다.

POINT 정어리는 지방이 충분히 오른 것을 고른다.
1마리씩 꼼꼼하게 상태를 체크한 뒤 사용한다.

이카메시

초밥집에서 많이 먹는 「이카노인로[いかの印籠, 일본식 오징어 순대]」에서 힌트를 얻어
만든 아뮤즈이다. 맛의 포인트는 화살꼴뚜기의 감칠맛이 우러난 조림국물에 있다. 여기
서는 꼴뚜기를 삶지 않고, 꼴뚜기 콩소메를 넣고 끓인 밥을 작은 화살꼴뚜기 속에 채워
서 튀겼다. 밥은 흑미를 사용하고 꼴뚜기 먹물도 넣어서 까맣게 만들고, 비네거로 산뜻
하게 마무리한다. 갓 튀긴 것을 그대로 한입에 넣고 즐긴다.

구 성

작은 화살꼴뚜기 튀김
흑미 먹물조림
라임 과육과 드라이 토마토

상세 레시피 → p.235

- 작은 화살꼴뚜기를 손질하고 몸통을 1주일 동안 냉동한다. 해동한 상태(**1**).
- 지느러미와 다리를 오븐에 구운 뒤, 셀러리, 달걀흰자와 함께 믹서기에 넣고 간다. 퓌메 드 푸아
  송(Fumet de Poisson, 프랑스식 생선 육수)에 넣고 끓여서 콩소메를 만든다.
- 콩소메에 먹물 소스를 넣고 끓인 뒤 삶은 흑미를 넣고 조려서 맛이 배어들게 한다(**2-3**). 식으면
  화이트와인 비네거와 드라이 토마토를 넣고 섞는다(**4**).
- 화살꼴뚜기 속에 흑미 먹물조림을 채워 넣고(**5-6**), 찹쌀가루를 묻혀서 튀긴다(**7-8**).
- 튀김 위에 라임 과육, 작고 네모나게 썬 드라이 토마토, 차이브를 올린다.

POINT 작은 화살꼴뚜기를 냉동하는 이유는
살을 부드럽게 만들고 회충을 제거하기 위해서이다.

도다리와 카레

도다리는 담백하기 때문에, 무리하게 프렌치 요리로 만들기보다 심플하게 튀겨서 바삭하게 먹는 것이 좋다. 그래서 아카시[明石]산 도다리를 3~4일 숙성시켜 맛을 응축시킨 뒤, 찹쌀가루를 묻히고 튀겨서 바삭한 아뮤즈로 만들었다. 마지막에 카레가루를 뿌리면 더욱 고소해진다. 손으로 집어 먹을 수 있도록 메밀가루 튀일에 올린다.

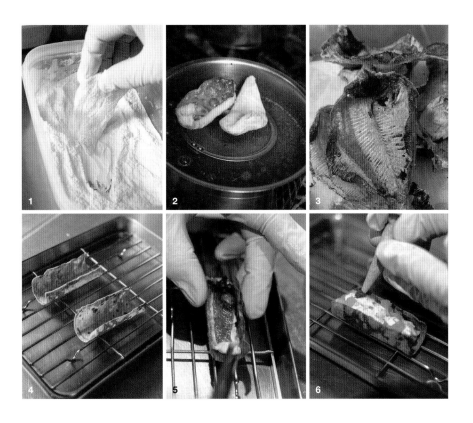

구 성

카레맛 도다리 튀김
메밀가루 튀일
타르타르소스
토마토 퐁뒤
생강칩
상세 레시피 → p.236

- 도다리 필레에 소금을 뿌리고 15분 뒤에 진공포장한다. 얼기 직전 온도에서 3~4일 숙성시킨다. 한 입 크기로 자른 뒤 찹쌀가루를 묻혀서(**1**) 기름에 튀긴다(**2**).
- 도다리 뼈도 그대로 튀긴다(**3**). 튀긴 뼈는 접시에 플레이팅할 때 사용한다.
- 메밀가루 튀일을 준비한다(**4**). 메밀가루 갈레트(크레이프)를 구워서 직사각형으로 자른 뒤 원통형 용기에 올려서 반원모양으로 건조시킨다.
- 도다리 튀김을 잘라서 튀일 위에 올리고(**5**) 타르타르소스를 바른다. 토마토 퐁뒤를 짜고(**6**) 생강칩과 마조람을 올린 뒤 카레가루를 뿌린다.

POINT 도다리에 찹쌀가루를 묻히고 튀겨서, 고소한 풍미와 바삭한 식감을 강조한다.

게와 아미노산

게와 토마토의 찰떡같은 궁합을 중심으로 구성한 전채. 게살은 레몬 소금절임과 마요네
즈로 버무리고, 토마토워터는 액젓과 레몬즙을 더해 거품으로 만든다. 적당한 신맛, 아
미노산의 감칠맛, 폭신한 식감으로, 게의 풍미를 살리는 것이 목적이다. 여기에 갑각류
콩소메 줄레와 콜리플라워 무스를 조합하여「게가 거품을 문 모습」으로 플레이팅하였다.

구 성

레몬 소금절임으로 맛을 낸
   게살 무침
갑각류 콩소메 줄레
콜리플라워 무스
빵가루 소테
토마토와 액젓 거품

상세 레시피 → p.236

- 해산물 요리의 맛을 낼 때 자주 사용하는 그린 레몬 소금절임(**1**). 산뜻한 신맛과 쓴맛, 짠맛이 숙
성 생선이나 갑각류의 감칠맛과 잘 어울린다. 찐 대게 살, 성숙 난소, 미성숙 난소에 레몬 소금절
임, 에샬로트, 차이브를 섞고 마요네즈로 버무린다(**2**)*.
- 토마토워터에 액젓, 레몬즙, 유청을 넣어 맛을 낸 뒤, 달걀흰자가루를 넣고 거품을 낸다(**3-4**).
- 게딱지에 갑각류 콩소메 줄레로 만든 디스크를 올리고 레몬 소금절임으로 맛을 낸 게살 무침을
담는다(**5-6**). 콜리플라워 퓌레에 휘핑한 생크림을 넣어 무스를 만든 뒤, 게살 위에 럭비공모양으
로 올린다(**7-8**). 빵가루 소테와 다진 차이브를 뿌리고 토마토와 액젓 거품을 소복하게 올린다.

★ 한국의 경우 어종 보호를 위해 대게 암컷은 연중 포획이 금지되어 있다.

POINT <u>게살과 성숙 난소, 미성숙 난소를 섞어서 감칠맛과 식감에 악센트를 준다.</u>

삼치와 돼지감자

아카시[明石]산 삼치를 소금에 살짝 절여 1주일 숙성시킨 뒤 가볍게 훈제한다. 그리고
다시 1주일 숙성시키면, 스모키한 향이 속까지 침투해 감칠맛에 강약이 생긴다. 삼치
살을 깍둑썰어 시로미소와 마요네즈 등을 넣고 버무려서 타르타르(Tartare, 육회 또는 날
생선 등을 칼로 잘게 다진 것)를 만든 뒤, 돼지감자 무스로 덮고 꽃잎처럼 튀긴 돼지감자
칩으로 장식한다. 칩의 바삭한 식감이 생선과 무스의 부드러운 하모니를 강조한다.

구 성

삼치 타르타르
돼지감자 무스
돼지감자칩
블랙라임 파우더
상세 레시피 → p.237

- 삼치 필레에 사탕무설탕 + 소금을 뿌리고(**1**), 2시간 정도 둔다. 물로 씻어서 물기를 제거하고 진공
  포장한 뒤, 얼기 직전 온도에서 1주일 동안 숙성시킨다(**2**).
- 볼에 담아 랩을 씌우고 스모크건을 이용하여 틈새로 연기를 넣는다(**3**). 일단 비닐랩을 닫고 15분 동
  안 둔다. 같은 과정을 다시 한 번 반복한다. 꺼내서 진공포장하고, 얼기 직전 온도에서 1주일 동안
  숙성시킨다.
- 숙성시킨 삼치를 작게 깍둑썬다(**4**). 돼지감자 소스(돼지감자 퓌레, 마요네즈, 시로미소 등을 섞은 것)로
  버무린다(**5**).
- 돼지감자 퓌레에 휘핑한 생크림을 넣고 섞어서(**6**) 무스를 만든다.
- 접시에 돼지감자 소스를 바르고 타르타르를 얹은 뒤 무스를 올린다(**7**). 무스 전체에 돼지감자칩(슬
  라이스 튀김)을 붙인다(**8**).

POINT 「삼치에 연기를 묻히는」 느낌으로 훈제한다.

복어와 백합뿌리

타르타르는 프렌치 요리로 날생선을 자연스럽게 제공할 수 있을 뿐 아니라, 응용도 쉬워서 다양한 생선으로 만들 수 있다. 처음에는 복어의 담백한 맛과 단단한 식감이 프렌치에 어울리지 않는다고 생각했지만, 다시마 사이에 끼워서 절인 뒤 며칠 동안 숙성시키면 감칠맛이 생기고 식감도 부드러워져 타르타르에 잘 어울린다.

구 성

복어 타르타르
백합뿌리 무스
복어 껍질 튀김
백합뿌리 즉석 피클
그라나 파다노 갈레트
트러플

상세 레시피 → p.238

- 복어 필레에 소금을 뿌리고 90분 동안 마리네이드한다. 물로 씻어서 물기를 닦고 다시마 사이에 끼워 진공포장한 뒤, 12시간 동안 그대로 둔다(**1**). 다시마를 제거하고 다시 진공포장하여, 살이 부드러워질 때까지 얼기 직전 온도에서 2일 이상 숙성시킨다(**2**).
- 복어 껍질은 건조기에 넣고 말려서(**3**) 튀긴다(**4**).
- 숙성된 복어 살을 작게 깍둑썰고, 데친 복어 껍질, 에샬로트, 트러플, 차이브, 백합뿌리 소스를 넣어 버무린다(**5-6**). 트러플오일과 소금으로 간을 한다(**7**).
- 유리잔에 타르타르와 백합뿌리 무스를 담는다. 그라나 파다노 갈레트(**8**)와 막대모양으로 자른 트러플을 올리고, 잔 옆에 복어 껍질 튀김을 곁들인다.

POINT 복어는 오래 숙성시키지 않는다.
근육질의 식감을 적당히 남기고 다시마의 감칠맛을 더한다.

작은 화살꼴뚜기와 땅두릅

남프랑스에서 인기 있는 「오징어(꼴뚜기)와 아티초크」 조합을 다른 채소로 만들고 싶어서 찾아낸 것이 땅두릅이다. 부드러우면서도 독특한 냄새가 있는 땅두릅의 풍미가 꼴뚜기와 잘 어울려서, 퓌레로 만들어 작은 화살꼴뚜기 소테 밑에 깔았다. 먹물 소스, 꼴뚜기맛 쌀칩, 땅두릅잎 블랑시르를 곁들여 각각의 풍미와 다채로운 식감을 즐길 수 있다.

구 성

작은 화살꼴뚜기 소테
먹물 소스
땅두릅 퓌레
땅두릅 피클
땅두릅잎 블랑시르
꼴뚜기맛 쌀칩

상세 레시피 → p.238

- 작은 화살꼴뚜기는 1주일 동안 냉동한다. 해동한 상태(**1**). 올리브오일을 두르고 양면을 굽고(**2**), 다진 에샬로트, 파슬리버터를 넣어서 섞는다(**3**).
- 땅두릅 퓌레(**4**). 땅두릅과 에샬로트를 볶다가 퐁 드 볼라유를 넣어서 끓인 뒤 믹서기로 간다.
- 먹물 소스에 루이유를 넣어 농도를 조절한다(**5**).
- 땅두릅 피클의 물기를 제거한다(**6**).
- 사진처럼 크기가 다른 원형틀을 접시에 이중으로 놓고, 바깥쪽에는 땅두릅 퓌레, 안쪽에는 먹물 소스를 넣는다(**7**). 퓌레 위에 꼴뚜기 소테와 가니시 종류를 올린다(**8**).

POINT 꼴뚜기를 굽기 전 프라이팬을 고온으로 달군다. 양면을 살짝 굽고 속은 반 정도만 익힌다.

굴

코로나로 인해 출하할 곳을 잃은 업체를 지원하기 위해 양식 굴을 사용하게 되었다. 안전을 위해 가열은 필수이며, 맛 또한 놓칠 수 없다. 그래서 굴을 소테하여 깊은 맛이 있는 소스를 넣고 조린 뒤, 레몬향 오일에 절였다. 중국요리의 굴 오일절임에서 힌트를 얻었다. 5일쯤 지나면 소스의 감칠맛과 숙성된 풍미가 굴에 배어서 맛있어지며, 2주 정도면 맛이 완전히 어우러진다.

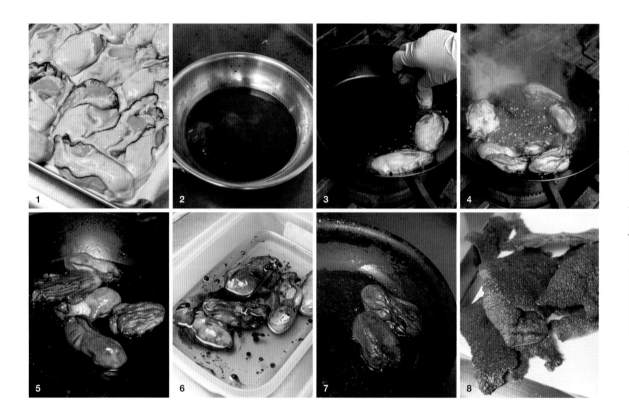

구 성

굴 오일절임
수제 굴소스
굴맛 쌀칩
토마토 거품
퀴노아 소테

상세 레시피 → p.239

- 굴은 살과 즙으로 나누고 키친타월로 물기를 제거한다(**1**).
- 굴 조리에 사용하는 마구로부시(참치포) 레드와인 소스(**2**)를 만든다. 레드와인과 마데이라주를 끓여서 졸인 뒤 다시마＋멸치＋채소 육수를 넣고, 마무리로 마구로부시를 넣어서 끓인다. 감칠맛이 깔끔해서 해산물에 잘 어울린다.
- 굴을 마늘과 함께 올리브오일로 소테한다(**3**). 마가오[馬告, 레몬그라스향이 나는 타이완의 향신료], 페드로 히메네스(Pedro Ximenez, 스페인 셰리주의 일종) 비네거, 마구로부시 레드와인 소스를 넣고 끓여서 섞는다(**4-5**). 식으면 레몬향 오일에 넣고 2주 이상 절인다(**6**). 2달 정도 사용할 수 있으며, 제공할 때는 프라이팬으로 데운다(**7**).
- 굴의 자투리를 사용해 수제 굴소스를 만든다.
- 흰죽에 굴소스를 섞어서 말린 뒤 튀겨서 칩을 만든디(**8**).

POINT 굴은 속까지 익힌다. 단, 퍼석해지지 않게 주의한다.

시라스와 화이트 아스파라거스

생시라스[白子, 멸치, 은어 등의 치어]를 해초버터로 살짝 소테한다. 살짝만 익혀서 부드럽게 완성한 뒤 라임으로 풍미를 더한다. 그대로 아뮤즈로 내도 좋지만, 여기서는 갓데친 화이트 아스파라거스에 곁들여서 전채로 완성하였다. 수제 굴소스의 굴향이 화이트 아스파라거스의 풍미와 의외로 잘 어울린다. 심플하게 봄을 맛보는 메뉴이다.

구 성

시라스 해초버터 소테
화이트 아스파라거스 포세
굴맛 쌀칩
라임 과육
구운 아몬드 슬라이스

상세 레시피 → p.240

- 화이트 아스파라거스를 손질한 뒤 처음에는 밑동쪽만 뜨거운 물에 담가 30초 정도 데치고, 그런 다음 전체를 담가 8분 정도 데친다(**1-2**). 건져서 한입 크기로 자른다.
- 시라스는 스루가[駿河]만에서 잡은 큼지막한 생시라스를 사용한다. 해초버터를 두르고 다진 에샬로트를 볶다가, 시라스와 차이브를 넣고 살짝 버무린 뒤 소금으로 간을 한다(**3-5**).
- 접시에 굴소스를 조금 깔고 화이트 아스파라거스를 담은 뒤 시라스 소테를 올린다(**6-7**).
- 굴맛 쌀칩(**8**), 라임 과육, 셀러리 새싹을 뿌린다.

POINT 시라스를 완전히 익히면 푸슬푸슬해지므로,
「버터로 데우는」 정도로 가열한다.

4년산 가리비

두툼한 4년산 가리비를 특별한 기교 없이 철판에서 깔끔하게 푸알레하고, 마늘 & 파슬리 풍미의 감자 퓌레를 조합한다. 이 요리의 출발점은 홍합찜에 감자 튀김을 곁들여서 먹는 벨기에의 전통요리 「물 프리트(Moules-frites)」이다. 조개의 단맛에는 감자가 잘 어울린다. 가리비 외투막으로 우려낸 육수로 만든 거품을 더해 가리비향을 강조했다. 홍합을 사용할 경우 홍합 육수로 낸 거품에 사프란 풍미를 더한다.

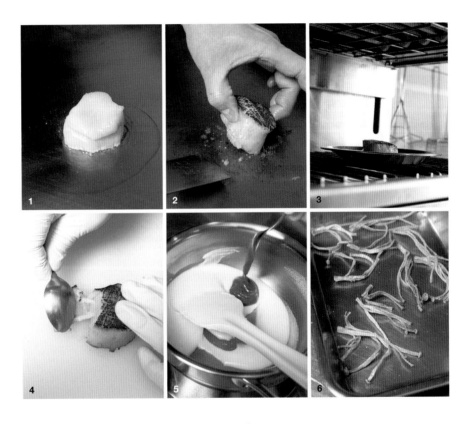

구 성

가리비 푸알레
마늘 & 파슬리 풍미의
   감자 퓌레
팽이버섯 튀김
사프란 풍미의 루이유
가리비 육수 거품

상세 레시피 → p.240

- 가리비 관자를 1주일 동안 냉동한다. 해동하여 소금을 뿌리고 철판에서 푸알레한다(**1**). 한쪽 면을 1분 정도 구운 뒤, 뒤집어서(**2**) 30초 정도 더 굽는다. 샐러맨더로 옮겨 따뜻하게 데우고(**3**), 속은 반만 익힌다. 스푼으로 적당히 나눈다(**4**).
- 감자 퓌레에 생크림을 섞은 뒤 파슬리 퓌레를 넣는다(**5**). 팽이버섯을 튀겨서 갈라놓는다(**6**).
- 가리비 껍데기에 퓌레를 담고 가리비를 올린다. 팽이버섯 튀김과 사프란 풍미 루이유를 얹는다. 구운 가리비의 외투막으로 우려낸 육수에 생크림과 버터를 넣고 거품을 내서 올린다.

POINT   가리비는 칼로 자르기보다 스푼으로 나누는 것이, 혀에 가리비의 단면이 닿아 단맛이 잘 느껴진다.

보리새우 소금가마구이

살아있는 보리새우를 코냑에 절여서 감칠맛과 향이 충분히 배어들면, 다시마로 말아서 소금가마구이를 만든다. 이 요리의 시작은 중국요리 「쭈이샤[醉虾, 술 취한 새우]」다. 새우 살이 사르르 녹을 정도로 부드러워지고 내장의 감칠맛을 증가시키는 테크닉을, 프렌치 요리 버전으로 변형시킨 메뉴이다.

구 성

보리새우 소금가마구이
새우 소금
새우 콩소메
레몬 소금절임
레드 소렐 샐러드

상세 레시피 → p.240

- 다시마 육수, 코냑, 시럽을 10 : 1 : 1의 비율로 섞고, 살아있는 보리새우를 담가서 4~5시간 동안 마리네이드한다(**1**).
- 새우를 건져서 대나무꼬치를 꽂은 뒤 청주로 닦은 다시마로 감싼다(**2**).
- 암염에 박력분과 달걀흰자 등을 섞어 소금가마 반죽을 만든다. 평평하게 펴서 다시마로 감싼 새우를 올리고(**3**), 소금 반죽을 덮어 전체를 감싸 빈틈이 없도록 정리한다(**4**). 새우 머리와 몸의 경계 부분에 표시를 해둔다.
- 220℃ 오븐에서 12분 굽고, 다시 샐러맨더로 6분 동안 가열(**5-6**)한다. 램프 밑에서 6분 동안 휴지시킨다. 표시한 곳에 쇠꼬치를 꽂아 익은 정도를 확인한다(**7**).
- 소금가마에서 보리새우를 꺼내고 꼬치를 제거한다(**8**).

POINT 다시마로 감싸면 짠맛이 조절되는 동시에, 감칠맛과 향이 잘 배어든다.

소라 부르기뇽

<라 마레>에서 요리를 배우던 시절에 많이 만들던 「작은 소라 부르기뇽」을 업데이트한 메뉴다. 소라 특유의 쓴맛을 깊은 맛으로 느낄 수 있게 만드는 것이 포인트이며, 마무리로 산마늘 오일과 사프란을 넣은 백합 콩소메를 둘러 촉촉하게 완성한다. 드라이 토마토의 신맛과 감칠맛도 악센트가 된다. 소라찜 국물을 베이스로 만든 거품을 소복하게 올려서 제공한다.

구 성

소라 부르기뇽
소라찜 국물 거품
흑미 콩소메 조림
산마늘 오일
백합 콩소메
드라이 토마토

상세 레시피 → p.241

- 청주를 넣고 찐 소라를 한입 크기로 자른다. 파슬리버터와 함께 불에 올려 데우면서 섞는다(**1**).
- <소라찜 국물 거품> 소라찜 국물에 생크림을 넣고 살짝 졸인 뒤 블렌더로 거품을 낸다(**2**).
- 소라 껍데기에 바게트 조각을 담고 백합 콩소메로 조린 흑미를 1스푼 넣는다(**3**). 소라 부르기뇽을 담는다(**4**). 소라 간도 올리고 산마늘 오일을 끼얹는다(**5**). 오일에 절인 드라이 토마토와 사프란을 넣은 백합 콩소메를 넣는다(**6**). 마무리로 소라찜 국물로 낸 거품을 소복하게 올린다.

POINT   맨 밑에 담은 빵과 흑미에 소스를 흡수시켜 맛의 여운을 즐긴다.

붕장어와 오이

찐 붕장어를 원형틀로 찍어낸 뒤 껍질쪽만 노릇하게 소테한다. 따뜻한 온기가 조금 남아
있는 붕장어 소테에 신맛이 있는 차가운 오이 소스를 조합하여, 장마철부터 여름 내내 즐
기는 전채이다. 붕장어의 고소한 풍미와 폭신한 식감, 오이의 향과 촉촉함, 그리고 매실
잼의 새콤달콤한 맛, 김의 향 등, 붕장어와 오이가 갖고 있는 익숙한 맛으로 완성한다.

구 성

붕장어 구이
오이 소스
오이 즉석 마리네이드
매실잼
김
딜
상세 레시피 → p.242

- 붕장어 필레의 껍질쪽에 뜨거운 물을 부어 점액질을 제거한다. 트레이 위에 필레를 밀착시켜서 늘어
  놓고 누름돌을 올려서 찐다. 붕장어 자체의 젤라틴 때문에 달라붙어서 1장의 시트 상태가 된다(**1**).
  원형틀로 찍어내고 키친타월로 물기를 제거한다(**2**).
- 올리브오일을 두른 프라이팬에 붕장어의 껍질쪽을 굽는다. 휘지 않도록 평평한 뚜껑으로 누르면서
  노릇하게 굽는다(**3-4**). 살쪽에 소금을 뿌린다. 종이 위에 올려서 기름기를 제거한다(**5**).
- 〈오이 소스〉 듬성듬성 썬 오이를 화이트와인 비네거, 약간의 시럽(풋내를 없애기 위해)과 함께 믹서기
  에 넣고 간다. 마지막에 레몬향 오일을 넣고 다시 간다(**6**).

POINT 붕장어는 따뜻하게, 소스는 차갑게,
오이 마리네이드는 거의 날것의 식감으로, 대비를 이룬다.

까막전복과 블랙 트러플

일본식 전복찜의 맛을 프렌치 스타일로 풀어낸 메뉴이다. 요리를 배우던 시절 셰프에게
전복과 블랙 트러플이 잘 어울린다고 배웠던 기억이 떠올라서 조합방법을 고민하였고,
그렇게 만들어진 요리가 「전복찜 트러플 찹쌀가루 튀김」이다. 트러플향과 찹쌀의 바삭
함으로, 찐 전복의 쫀득한 식감을 돋보이게 만든다.

구 성

전복찜 트러플 찹쌀가루 튀김
전복찜 국물 크림소스
트러플을 넣은 돼지감자 크림
돼지감자칩
간 트러플

상세 레시피 → p.242

- 전복을 일본식으로 찐다. 청주를 뿌리고 다시마를 덮어 비닐랩을 씌운 뒤, 찜기에 넣고 6시간
  동안 찐다(**1**).
- 트러플 껍질과 부스러기, 소금을 푸드프로세서에 넣고 간다(**2**). 트러플오일을 넣고 찹쌀가루
  와 대나무숯가루를 넣어서 섞는다(**3**). 찐 전복에 달걀흰자를 입히고 트러플 찹쌀가루를 2번
  묻혀서 튀긴다(**4-7**).
- 전복찜 국물을 졸이고 생크림과 버터를 넣어 소스를 만든다.
- 돼지감자 퓌레에 생크림과 다진 트러플을 넣는다(**8**).

POINT   찹쌀가루는 빨리 익기 때문에,
       전복 속이 따뜻해지는 것과 동시에 표면이 바삭하게 완성된다.

자바리 앙슈아야드

지방과 젤라틴이 많은 자바리는 메인요리에 적합한, 풍부한 감칠맛을 가진 생선이다. 1년 내내 다양한 요리를 통해 선보이고 있다. 조리방법은 철판구이로, 두툼한 껍질쪽을 바삭하게 구워 폭신한 살의 맛과 대비를 이루게 한다. 앙슈아야드(Anchoïade, 안초비 소스)와 정어리 콩소메를 곁들여 여름에 어울리게 완성하였다. 견과류 타프나드의 바삭한 식감이 악센트가 된다.

구 성

자바리 철판구이
앙슈아야드 소스
견과류 타프나드
자바리 비늘 튀김
펜넬 샐러드
레몬 제스트 콩피
정어리 콩소메

상세 레시피 → p.243

- 얼기 직전 온도에서 10~14일 동안 숙성시킨 자바리 토막(2인분=180g)을 껍질쪽이 아래로 가게 철판에 올려서 굽는다(**1**). 10분 정도 바삭하게 구운 뒤 양쪽 옆면을 살짝 굽는다(**2**). 샐러맨더로 옮겨서 살쪽이 위로 오게 놓고, 속이 따뜻해질 때까지 굽는다(**3**). 철판에서 껍질쪽을 다시 한 번 바삭하게 구워 완성한다(**4**).
- 〈앙슈아야드 소스〉 에샬로트, 양송이, 안초비 등을 볶고 노일리주와 화이트와인을 넣어 끓인다(**5**). 정어리 콩소메를 넣고(**6**) 졸인다. 생크림을 넣은 뒤 믹서기로 갈아서 체에 내린다(**7**). 마요네즈를 넣고 섞는다.
- 〈견과류 타프나드〉 견과류, 케이퍼, 그린올리브를 굵게 다져서 섞는다(**8**). 안초비는 소스에 넣기 때문에 타프나드에는 넣지 않는다.

POINT 자바리를 철판에 올려 껍질이 바삭해질 때까지 그대로 둔다.
철판에서는 껍질만 굽고 샐러맨더로 살을 익힌다.

삼치, 바지락, 파래

싱싱한 삼치를 고온에서 살짝 푸알레하는데, 지나치게 뜨거우면 1주일 동안 숙성시킨
삼치의 살이 풀어져서 푸석해지기 쉬우므로 주의해서 가열한다. 여기서는 철판의 안정
적인 화력으로 껍질쪽을 천천히 굽고, 살쪽은 셀러맨더로 가열하여 완성한다. 이 요리
의 테마는 삼치에서 느껴지는 해초의 풍미다. 바지락 육수로 감칠맛을 보충하고 해초버
터로 마무리한 리소토를 곁들인다.

구 성

삼치 철판구이
바지락 리소토
바지락 육수 거품
파슬리 오일
방울토마토 콩피
금귤 퓌레

상세 레시피 → p.244

- 삼치는 소금을 묻혀서 90분 정도 그대로 둔 뒤, 물로 씻고 진공포장해서 얼기 직전 온도로 1주일 동안 숙성시킨다(**1**).
- 삼치 토막의 껍질쪽을 철판에 올려서 굽는다(**2**). 껍질이 바삭하게 구워지면(약 5분) 살이 위로 오도록 셀러맨더로 옮겨서, 속이 따뜻해질 때까지 가열한다(**3**). 다시 철판으로 옮기고 껍질이 바삭해지도록 구워서 마무리한다(**4**).
- 〈바지락 육수 거품〉 마늘, 에샬로트, 셀러리를 쉬에한다(**5**). 화이트와인을 넣고 끓인 뒤 바지락 육수를 넣는다(**6**). 절반으로 졸아들면 생크림을 넣고 한소끔 끓여서 체로 거른다(**7**). 핸드 블렌더로 거품을 낸다.
- 〈바지락 리소토〉 쌀에 바지락 육수를 넣고 끓여서 리소토를 만든다. 그라나 파다노, 시금치, 해초버터, 파래를 넣어 마무리한다(**8**).

> **POINT** 삼치는 살이 퍼석해지기 쉬운 생선인데,
> 숙성하면 더 쉽게 퍼석해지므로 가열 온도에 주의한다.

갈치 뫼니에르

갈치로 뫼니에르를 만들면 맛은 좋지만, 지나치게 익어서 살이 퍼석해지기 쉽다. 그래서 갈치와 가리비 살을 다져서 만든 파르스(Farce, 고기나 생선 등을 양념해서 만든 소)를 갈치 살 위에 올려서 롤모양으로 만 뒤, 먼저 저온으로 익혀서 굽는 방법을 찾았다. 이렇게 하면 다진 살에 함유된 수분의 영향으로, 속은 폭신하며 겉은 노릇하고 고소하게 완성된다. 맛이 농축된 레드와인 소스와 양념을 곁들여 맛의 대비를 즐길 수 있다.

구 성

갈치살 파르시*
꼬투리강낭콩 퓌레
레드와인 소스
산마늘 오일
갈색 양파 가루
꼬투리강낭콩 샐러드

상세 레시피 → p.245

* Farcie, 고기 등을 다져서 만든 소(파르스)로 속을 채운 요리.

- 갈치에 소금을 살짝 뿌리고 진공포장한 뒤 얼기 직전 온도에서 3~4일 숙성시킨다(**1**).
- 숙성된 갈치 살을 자르고 파르스[갈치와 가리비 무스에 표고버섯 뒥셀(Duxelles, 곱게 다진 버섯, 양파, 허브 등을 버터로 볶은 것)을 섞는다]를 올려서 만 뒤, 랩으로 싸서 60℃ 물로 10분 동안 데친다(**2**).
- 제공할 때는 박력분을 묻혀서 올리브오일과 버터로 소테한 뒤, 샐러맨더로 따뜻하게 데워서 마무리한다(**3-4**). 자른 모습(**5**).
- 〈소스〉 에샬로트, 마데이라주, 화이트와인을 끓여서 졸이고, 마구로부시 레드와인 소스를 넣어 다시 졸인다(**6-7**).
- 양파를 2시간 정도 쉬해서 양파 그라탕보다 좀 더 진한 색을 낸다. 얇게 펴서 건조시킨다(**8**). 믹서기로 갈아서 가루로 만들어, 양념으로 사용한다.

POINT   갈색 양파 가루를 곁들여 「뫼니에르 특유의 고소한 풍미」를 보충한다.

5

혼다 세이이치 ／ 수리올라

SEIICHI
HONDA
ZURRIOLA

눈앞에 있는 생선을 더욱 돋보이게 만들,

최적의 가열방법은 무엇일까?

맛에 대한 사고력과 경험으로 익힌 기술을 구사해,

독창성 넘치는 모던 스패니시 해산물 요리를 완성한다.

정어리 코카

코스의 스타터로 손으로 집어 먹는 타파스 3종 중 하나이다. 코카(Coca)는 카탈루냐식 피자를 말한다. 베이스인 빵은 수분을 많이 배합하여 얇고 바삭하게 구워, 정어리의 폭신한 식감을 살려준다. 또한 「폭신함」과 「바삭함」 사이에는 매끄러운 「윤활유」가 필요한데, 그래야 식감이 더욱 명확하게 대비되어 기분 좋게 즐길 수 있다. 여기서는 구운 가지 줄레 시트가 그 역할을 한다.

구 성

정어리 마리네이드
파슬리 모호소스*
코카 빵
구운 가지 줄레 시트
소렐

상세 레시피 → p.246

* Mojo, 카나리아 제도에서 유래된 소스. 마늘, 파슬리, 올리브오일 등을 갈아서 만든다.

- 정어리를 갈라서 펼친 뒤 소금으로 15분, 애플비네거 베이스의 마리네이드액으로 5분 정도 마리네이드한다. E.V.올리브오일을 뿌리고 하룻밤 그대로 둔다(**1**).
- 등 가운데 부분을 잘라내고 직사각형으로 정리해서 껍질에 칼집을 낸다(**2-3**).
- 이탈리안 파슬리, 마늘, 올리브오일로 만든 모호소스를 바른다(**4**).
- 생이스트를 사용해 발효시킨 코카 반죽(**5**). 팔레트로 얇게 펴서 E.V.올리브오일을 바른 뒤(**6**), 말돈 소금을 뿌린다. 160℃ 오븐에서 10~15분 굽는다.
- 구운 가지 퓌레에 젤라틴을 넣고 시트처럼 굳혀서 자른다(**7**).
- 코카에 구운 가지 줄레 시트와 소렐을 얹는다(**8**). 소렐을 1장 그대로 올리면 씹을 때 잘 끊어지지 않고 줄줄 빠져나오므로, 작게 잘라서 얹는다.

POINT 정어리를 식초에 절여서 올리브오일을 뿌리고 하룻밤 재우면, 부드럽게 부풀어오른다.

부드럽게 삶은 문어 먹물칩과 피키요 고추 크레마

스타터는 식감이 생명이다. 놀라울 정도로 부드러운 문어와 바삭한 먹물칩의 대비가 기분 좋게 식욕을 돋워준다. 부드러운 문어의 비결은 냉동과 해동을 반복해 근섬유를 파괴하고, 삶을 때는 천천히 뜨거운 물에 담그는 것이다. 삶은 국물이 싱거워지지 않도록 지나치게 크지 않은 냄비를 사용해야 한다(식는 동안 국물에 우러난 감칠맛이 다시 문어에 스며든다). 또한 먹물칩은 1장으로는 식감이 부족하기 때문에 2장을 겹쳐서 사용한다.

구 성

삶은 문어
먹물칩
피키요 고추* 크레마
옥살리스

상세 레시피 → p.246

* Piquillo Pepper, 스페인 북부
  에서 재배되는 작고 붉은 고추.
  맵지 않고 단맛이 난다.

- 문어는 전분가루와 소금을 뿌려 주물러서 씻고, 3일 동안 냉동 → 저온 냉장고에서 천천히 해동 → 다시 3일 동안 냉동 → 냉장해동한다(1). 다리만 사용한다.
- 냄비에 물을 끓인다. 문어를 잡고 다리 끝부분만 10초 동안 담갔다 뺀 뒤, 잠시 그대로 둔다. 물이 다시 끓어오르면 다리 가운데까지 담가서 10초 동안 익힌다. 건져서 이번에는 문어 전체를 담그고 10초 동안 익힌다(2-4). 마지막으로 문어를 넣고 뚜껑을 덮어서 45분 동안 삶는다. 냄비째 식힌다(5).
- 먹물칩은 크기가 다른 2개의 국자 사이에 반죽을 넣고, 200℃로 가열한 기름에 넣어 튀긴다(6). 칩에 소금을 뿌리고 피키요 고추 크레마를 짜서 2겹으로 붙인 뒤, 문어를 둥글게 썰어서 올린다(7-8). 신맛이 있는 옥살리스를 곁들인다.

POINT 문어를 삶을 때는 껍질이 찢어지지 않도록,
다리 끝부터 조금씩 뜨거운 물에 넣고 익힌다.

브란다다 부뉴엘로

브란다다(Brandada)는 소금에 절인 대구를 데쳐서 올리브오일과 크림 등을 섞어 퓌레처럼 만든 요리다. 브란다다에는 감자 퓌레를 넣는 경우가 많은데, 원래 브란다다는 대구의 풍부한 젤라틴을 살려서 마늘 오일로 유화시킨 것이다. 그러니까 대구의 식감과 향이 주인공이며, 감자는 어디까지나 옵션이다. 여기서는 전통 브란다다를 가스트로노미 코스의 타파스용으로, 한입 크기의 부뉴엘로(Buñuelo, 튀김)로 변형시켰다.

구 성

브란다다 부뉴엘로
레몬 아이올리

상세 레시피 → p.247

- 소금기를 뺀 염장 대구를 껍질째 깍둑썰기한다(**1**). 냄비에 담고 물을 자작하게 부어 약불로 가열한다(**2**). 동시에 다른 냄비로 마늘 오일을 만든다. 물 온도가 54℃가 되면 물을 따라낸다(**3**). 살은 손으로 풀어주고 껍질은 제거한다.
- 대구와 마늘 오일을 블렌더로 갈아서 유화시킨다(**4**). 생크림을 조금 넣고 소금으로 간을 한 뒤, 지름 3㎝ 반구형틀에 부어(**5**) 냉동한다.
- 부뉴엘로 반죽을 따뜻한 곳에 두고 발효시킨다(**6**).
- 냉동한 브란다다에 이쑤시개를 꽂아 박력분을 묻히고 반죽을 입혀서, 200℃ E.V.올리브오일에 넣고 튀긴다. 튀김옷이 꽃처럼 보기 좋게 퍼지면 이쑤시개를 잡은 손을 떼고 튀긴다(**7-8**).

POINT 염장 대구는 저온에서 천천히 가열한다. 54℃가 넘으면 살이 단단해진다.

아귀 간 콩피타도 카피르 라임 머랭

홋카이도 요이치[余市]산 아귀 간을 사용한다. 재료의 맛을 그대로 전달하는 요리인 만큼 밑손질이 중요하며, 핏물을 확실히 빼야 한다. 콩피타도(Confitado, 저온의 기름으로 익힌 요리)를 만들 때는 단번에 온도를 올려 살이 퍼석해지지 않도록 상온 단계를 거쳐서 온도를 올리고, 최종적으로 80℃를 유지하면서 가열한다. 구성은 초밥과 비슷한데, 밥 부분에 해당하는 것이 카피르 라임 머랭이다. 설탕 대용으로 사용하는 아이소말트를 넣으면 단단하지만 잘 부서지는 식감이 된다.

구 성

아귀 간 콩피타도
카피르 라임 머랭
참깨 가라피냐도*

상세 레시피 → p.248

* Garrapiñado, 아몬드 등을 시럽으로 코팅한 것.

- 아귀 간을 45℃의 흐르는 물에 5분 동안 담가둔다(**1**). 얇은 껍질을 벗기고(**2**) 양손으로 감싸고 눌러서(**3**), 핏물이 배어나오면 따뜻한 물로 씻어낸다. 눌러도 피가 나오지 않을 때까지 반복한다.
- 콩피용 재료와 아귀 간을 버미큘라 라이스팟(Vermicular Rice Pot, 주물 전기밥솥)에 담는다(**4**). 오븐 시트로 오토시부타를 만들어서 덮고 가열하고, 60℃가 되면 뒤집어서 80℃로 20분 가열한다.
- 라이스팟에 담은 채로 식힌 뒤 꺼내서 먹기 좋은 크기로 자른다(**5-6**).
- 카피르 라임 잎을 물에 넣고 가열하여 향을 추출(**7**)한 뒤, 향이 밴 액체와 설탕, 아이소말트, 달걀흰자를 휘핑해 이탈리안 머랭을 만들어서 동그랗게 짠다(**8**). 건조기에 넣고 건조시킨다.

POINT 아귀 간을 손질할 때는 먼저 흐르는 따뜻한 물에 담가두면, 핏물을 쉽게 뺄 수 있다.

찬구로 수플레

찬구로(Txangurro)는 바스크어로 게를 의미하는데, 바스크 지방에서는 투르토 (Tourteau, 브라운 크랩) 등딱지에 토마토소스로 버무린 게살과 내장을 넣고 오븐에 구운 요리를 많이 먹는다. 우리 가게에서는 토마토소스를 넣고 조린 게살을 수플레 속에 넣어서 스타터로 활용한다. 수플레 반죽은 탄산가스 에스푸마로 가볍게 만들고, 원형틀과 얼음을 사용해 철판 위에서 찌듯이 굽는다. 윗부분은 폭신하고, 속은 무스 상태, 바닥은 바삭하게 완성한다.

구 성

털게 조림
수플레
마요네즈

상세 레시피 → p.248

- 갈색으로 조린 양파를 데워서(**1**) 브랜디로 플랑베한 뒤, 꽃게를 넣은 해산물 수프(**2**)와 토마토소스를 넣는다. 털게 살과 내장을 넣어 살짝 끓이고 빵가루로 농도를 조절한 뒤(**3-4**), 소금으로 간을 맞추고 식힌다.
- 안쪽에 오븐시트를 붙인 원형틀(지름 4㎝, 높이 3.5㎝)을 오븐팬 위에 놓고, 틀 안에 E.V.올리브오일을 두른다. 탄산가스 카트리지를 부착한 에스푸마 사이펀으로 수플레 반죽을 1/3 높이까지 짠다(**5**).
- 털게 조림을 넣고 수플레 반죽으로 덮는다(**6-7**).
- 틀 옆에 아이스 큐브를 1개 올리고 뚜껑을 씌운(**8**) 뒤, 얼음 증기로 3분~3분 30초 찌듯이 굽는다.

POINT 털게 조림은 진하게, 수플레는 담백하게 만든다.

매오징어와 갈색 양파 플랑 그릴 양파 콩소메

갈색으로 조린 양파 소스로 만든 바스크 요리, 「오징어 펠라요(Pelayo)」를 응용한 메뉴이다. 숯불구이 느낌으로 그릴에서 구운 양파를, 저온의 오븐에서 6시간 동안 가열하여 감칠맛이 풍부한 콩소메를 만든다. 여기에 갈색으로 조린 양파와 치킨 콩소메로 만든 플랑(Flan), 그리고 살짝 데쳐서 토치로 그을린 매오징어를 조합하였다. 오징어의 고소한 풍미와 그릴 양파의 스모키한 단맛이 깊은 맛을 낸다.

구 성

매오징어 구이
갈색으로 조린 양파 플랑
그릴 양파 콩소메
방울토마토 콩피
구운 호두

상세 레시피 → p.249

- 양파는 위아래를 잘라내고 윗면에 십자모양으로 칼집을 낸 뒤, E.V.올리브오일을 살짝 바른다. 오일을 바른 면이 아래로 가도록 그릴팬에 올려서 굽는다(**1**). 굽는 중간에 방향을 90도 돌려서 격자모양으로 구운 자국을 내고, 뒤집어서(**2**) 반대쪽 면도 굽는다.
- 내열용기에 가지런히 담아 비닐랩을 씌우고 증기가 빠지도록 구멍을 몇 군데 뚫은 뒤(**3**), 115℃ 오븐에서 6시간 가열한다(**4**). 스모키하고 감칠맛이 풍부한 「콩소메」를 추출할 수 있다.
- 도야마[富山]산 매오징어를 사용한다. 살짝 데친 뒤(**5**) 토치로 그을린다(**6**).
- 물과 함께 짙은 갈색이 될 때까지 천천히 조린 양파, 치킨 콩소메, 우유, 달걀로 플랑 반죽을 만들고, 접시에 부어서(**7**) 찐다.
- 구운 호두와 방울토마토 콩피를 곁들이고, 그릴 양파 콩소메를 끼얹는다(**8**).

POINT 양파는 구운 자국을 확실히 낸 뒤, 저온에서 장시간 가열하여 농축액을 추출한다.

부티파라 네그라를 채운 화살꼴뚜기
걸쭉한 먹물 소스

돼지 피를 넣은 카탈루냐풍 소시지 부티파라 네그라(Butifarra Negra)를 꼴뚜기 속에 채우고, 진하고 걸쭉한 먹물 소스로 덮는다. 보통은 재료를 보고 요리를 생각하지만, 이경우에는 리에브르 아 라 루아얄(Lievre a la royale, 산토끼에 내장과 푸아그라 등을 채운 조림요리)의 「해산물 버전」 이미지가 먼저 생각나서 전채로 만들었다.

구 성

속을 채운 화살꼴뚜기
먹물 소스
생성게

상세 레시피 → p.249

- 화살꼴뚜기는 속을 채우기 전에 철판에 재빨리 구워서 수축을 방지한다. 부티파라 네그라를 채워서 둥글게 썰고(**1**), 한쪽 면에 세몰리나가루를 묻힌다.
- 철판에 오븐시트를 깔고 E.V.올리브오일을 두른 뒤, 세몰리나가루를 묻힌 면이 아래로 가게 놓는다 (**2**). 어느 정도 익으면 뒤집는다. 끝까지 철판에서 구우면 꼴뚜기가 수축되기 때문에, 마무리는 샐러맨더로 굽는다(**3**).
- 〈소스〉 뜨겁게 달군 냄비에 꼴뚜기 자투리를 넣고 재빨리 볶는다(**4**). 채소와 셰리주 등을 믹서기로 갈아서 넣는다(**5**). 20분 정도 끓인 뒤 먹물 페이스트와 대나무숯가루를 섞고, 뜨거운 물과 쌀을 넣어 15분 정도 끓인다(**6-7**). 믹서기로 갈아서 체에 내리고 전분물을 넣어 걸쭉하게 만든다(**8**).

POINT 꼴뚜기가 오그라들지 않도록, 속을 채우기 전에 철판에서 살짝 굽는다.

가다랑어 아 라 브라사

숯불 위에 포도나무 가지를 올려서 짚불구이 스타일로 가다랑어를 굽는다. 가다랑어 토막의 볼록한 부분은 잘라낸다. 일식집 주방장으로 일하는 지인의 비법을 따라 한 것인데, 살의 볼륨을 줄이면 껍질의 고소한 풍미가 살아난다. 훈제양파 크림소스, 매콤한 긴디야(Guindilla, 나바라산 풋고추) 초절임으로 만든 소스, 아삭한 양파와 긴디야 양념을 묻혀서 먹는다.

★ 아 라 브라사(a la Brasa) : 숯불구이

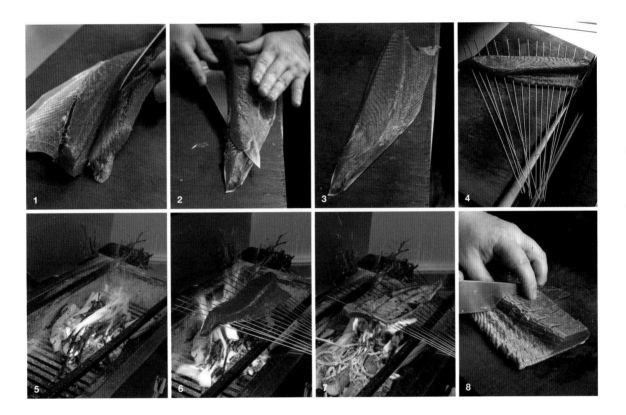

구 성

가다랑어 아 라 브라사
훈제양파 크림소스
긴디야 소스
양파와 긴디야 양념

상세 레시피 → p.250

- 가다랑어를 3장뜨기해서 모양을 정리하고, 지아이(혈합육)를 제거한다(**1**). 산처럼 볼록한 부분은 잘라서 평평하게 만든다(**2-3**). 기름진 가마(머리와 몸통 사이) 부분은 그대로 둔다. 꼬치를 꽂고(**4**) 소금을 뿌린다.
- 「가다랑어 짚불구이」에 사용하는 짚 대신 포도나무 가지를 사용한다. 숯불화로에 가지를 올려 불을 붙이고 가다랑어를 올려서, 50초 정도 껍질쪽을 구운 뒤 뒤집어서 살쪽을 살짝 굽는다(**5-7**).
- 껍질쪽이 아래로 가도록 도마 위로 옮겨서 꼬치를 뽑는다. 너무 두껍지도 얇지도 않게, 약 1.5cm 폭으로 자른다(**8**).

POINT 비장탄에 포도나무 가지를 얹고 불을 붙여서 가다랑어를 굽는다.

랍스터 쿠라도

「반만 익힌 블루랍스터」를 맛보아야 진정한 랍스터의 맛을 안다고 할 수 있다. 그런 생각을 「숙성(Curado)」으로 표현한 메뉴이다. 스페인 셰프가 연구한 요리방법 중 소금 터널 속에 생선을 묻어서 숙성시키는 방법이 있는데, 그 방법을 응용하였다. 랍스터를 라임 제스트를 섞은 소금으로 덮어서 살짝 재운 뒤, 암염 덩어리와 함께 스티로폼 케이스에 담아 항온고습기[높은 습도와 일정한 온도를 유지(무풍)하는 장치]에 넣고 숙성시킨다. 마지막에 토치로 살짝 그을려 향에 악센트를 준다.

구 성

랍스터 쿠라도
차가운 랍스터 콩소메
미니 바질

상세 레시피 → p.251

- 랍스터를 40초 정도 데친 뒤 껍질에서 살을 빼낸다. 라임 제스트를 갈아서 굵은 소금에 섞은 것을 트레이에 깐 뒤, 면보를 펴고 랍스터를 올린다(**1**). 위에도 면보와 소금을 덮어준다(**2**). 45분 동안 냉장고에 넣어둔다. 소금 속에서 면보와 함께 랍스터를 꺼낸다.
- 스티로폼 케이스에 히말라야 암염 덩어리를 넣고 망을 올린다(**3**). 랍스터를 면보와 함께 담고(**4**) 항온고습기(습도 80%, 3℃ 이하)에서 하룻밤 숙성시킨다.
- 〈콩소메〉 토막 낸 랍스터 머리(**5**)와 같은 양의 다시마 육수를 믹서기에 넣고 갈아서 진공포장한 뒤, 90℃ 컨벡션오븐에서 15~25분 가열한다(**6**). 면보로 거른다(**7**). 10% 분량의 달걀흰자와 약간의 소금을 넣어 국물을 맑게 만든다(**8**). 도톰한 키친타월로 걸러서 차갑게 식힌다.

POINT 숙성시킨 랍스터에 맑은 콩소메를 곁들여서 촉촉함을 강조한다.

아몬티야도로 찐 모란새우

모란새우와 소브라사다 에멀션

모란새우는 생으로 먹는 것보다 익히는 쪽이 맛있다. 그래서 아몬티야도(Amontillado, 숙성 셰리주)의 증기로 쪄서 향을 입히고, 새우 고유의 맛과 식감을 살렸다. 소스는 모란새우 머리로 우려낸 칼도(Caldo, 육수)에 직접 만든 소브라사다(Sobrasada, 마요르카섬 특산 페이스트 소시지)를 더해, 독특하고 깊은 맛을 낸다.

구 성

모란새우 찜
모란새우와 소브라사다
  에멀션
화이트 아스파라거스
그린올리브
코코넛워터 거품

상세 레시피 → p.251

- 모란새우는 껍질을 벗기고(**1**) 휘어지지 않게 대나무 꼬치를 꽂는다.
- 불에 올린 찜기에 아몬티야도를 붓고 가열한다(**2**).
- 망을 올리고 모란새우를 얹은 뒤, 뚜껑을 덮고 2분 동안 찐다(**3-4**).
- 돼지고기와 지방, 파프리카 파우더 등으로 페이스트 소시지(소브라사다)를 만든다(**5**). 그대로 먹을 수도 있고 된장처럼 깊은 맛을 내는 조미료로 사용할 수도 있다.
- 〈에멀션〉 모란새우 머리, 갈색으로 조린 양파, 셰리주를 넣은 육수를 끓이고 소브라사다를 풀어서 섞는다(**6**). E.V.올리브오일을 넣고 핸드 블렌더로 유화시킨 뒤 체에 내린다(**7-8**). 소금으로 간을 한다.

POINT   셰리주의 증기로 쪄서 모란새우의 감칠맛을 살린다.

라드향을 입힌 랑구스틴 따뜻한 비나그레타

랑구스틴을 라드로 감싸서 재우면 돼지 지방의 달달한 향이 배고 살이 끈적해진다. 비나그레타(Vinagreta, 올리브유, 양파, 식초 등으로 만든 소스)는 싱싱한 랑구스틴 머리와 돼지고기로 우려낸 깔끔한 육수에 셰리비네거의 신맛을 더한 것이다. 랑구스틴 머리를 볶으면서 으깨면 물이 생겨서 냄비 온도가 내려가 비린내가 나는 원인이 되므로, 먼저 작게 잘라서 볶는다. 미네랄 워터를 끓여서 붓는 것이 포인트.

구 성

라드향을 입힌 랑구스틴
따뜻한 비나그레타
랑구스틴 마요네즈
쿠스쿠스
감자 퓌레

상세 레시피 → p.252

- 랑구스틴의 머리와 껍질을 제거하고 트레이에 올려 전체를 라드로 덮는다. 하룻밤 냉장고에 넣어둔다(**1**). 제공할 때는 230℃ 오븐에서 2~3분 가열한다.
- 〈따뜻한 비나그레타〉 돼지 목연골을 깍둑썰기한다(**2**). 불에 올려 살짝 색이 나면 리크와 매운 홍고추를 넣어 볶는다(**3**). 셰리비네거와 셰리주를 붓고 알코올을 날린다(**4**). 랑구스틴 머리에 E.V.올리브오일을 넣고 버무린 뒤 다른 냄비에 넣고 볶는다(**5**). 랑구스틴 머리가 담긴 냄비에 돼지고기와 채소를 넣고 뜨거운 물을 부은 뒤(**6**), 부케가르니, 쌀, 소금을 넣는다. 끓으면 거품을 걷어낸다(**7**). 보글보글 끓는 상태로 15분 정도 끓인다. 굵은 시누아, 고운 시누아를 순서대로 사용하여 거른다(**8**).

POINT 새우 육수를 우려낼 때는 새우 머리를 볶는 방법이 가장 중요하다.
충분히 달군 냄비로 가능하면 으깨지 말고 재빨리 볶는다.

장어 숯불구이와 아로스 아 반다

아로스 아 반다(Arroz a banda)는 발렌시아 지방의 요리로, 해산물 수프를 넣어서 만든 파에야이다. 여기서는 장어 육수를 넣고 만든 아로스 아 반다와 숯불에 구운 장어를 섞어서 먹는 전채 요리를 소개한다. 육수에는 장어 뼈 외에도 참돔 뼈, 돼지 등갈비, 닭날개 등을 사용하며, 병아리콩과 뇨라(Ñora, 말린 파프리카) 등으로 스페인의 맛을 더했다.

구 성

장어 숯불구이
아로스 아 반다
오이고추

상세 레시피 → p.252

- 장어에 꼬치를 꽂는다. 여러 개의 꼬치를 묶어서 껍질쪽에 전체적으로 꽂는다. 소금을 뿌리고 아도보(Adobo / p.199 참조)액을 살쪽에 바른다(**1**).
- 먼저 껍질쪽을 굽고 중간부터는 가끔씩 돌려주면서 굽는다(**2**).
- 돼지 등갈비와 닭날개를 오븐에 넣고 굽는다(**3**). 참돔 뼈도 오븐에 굽고 장어 머리와 가운데뼈는 숯불로 굽는다. 볶은 채소, 마늘, 정숫물, 토마토, 병아리콩, 뇨라와 함께 끓여서 육수를 우려낸다(**4**).
- 파에야 팬에 소프리토, 파프리카 파우더, 사프란, 간 토마토, 쌀을 넣고 볶는다(**5**). 쌀은 흡수력이 있고 끈기가 적은 스페인의 봄바(Bomba)쌀을 사용한다. 육수를 붓고 끓인다(**6-7**). 수분이 거의 없고 냄비 바닥이 보이는 「아로스 세코(Arroz seco)」 상태가 되면 완성이다(**8**).

POINT 쌀에 감칠맛을 겹겹이 응축시켜 장어 구이의 소스로 활용한다.

실꼬리돔 플란차
사프란 콩소메, 판체타와 창꼴뚜기를 채운 주키니꽃

실꼬리돔은 250~400g 정도 되는 것이 맛있지만, 살이 얇아서 익으면 퍼석해지기 쉽다. 그래서 작은 실꼬리돔 필레를 2장 겹쳐서 두툼하게 만든 뒤, 저온으로 살짝 중탕하고 마무리는 철판으로 굽는다. 섬세하게 끌어낸 그 맛을, 깔끔한 실꼬리돔 콩소메로 잘 살려주고 내장 페이스트로 깊은 맛을 보충한다.

구 성

실꼬리돔 플란차
창꼴뚜기를 채운 주키니꽃
실꼬리돔 사프란 콩소메
실꼬리돔 내장 페이스트
스다치 풍미 거품

상세 레시피 → p.253

- 실꼬리돔은 3장뜨기해서 소금을 골고루 뿌린다. 5분 정도 두면 표면이 끈적거리기 시작하는데, 2장을 원래 모양대로 겹쳐서 붙이고 E.V.올리브오일을 발라서 진공포장한다. 가열할 때는 냉장고에서 꺼내 상온으로 돌아오면 가열한다.
- 62℃에서 중탕으로 4~5분 가열하고(**1**), 꺼내서 2분 정도 휴지시킨다.
- 철판에 오븐시트를 깔고 E.V.올리브오일을 두른 뒤 실꼬리돔을 올린다(**2**). 1분 30초 정도 굽고 오븐시트 한쪽을 들어서 뒤집은 뒤(**3**) 1분 더 굽는다.
- 오븐시트째 도마로 옮겨서 자른다(**4**).
- 창꼴뚜기를 볶고(**5**), 채소와 판체타(Panceta, 염장 삼겹살)를 볶아서 페이스트로 만든 것을 넣어서 섞은 뒤(**6**), 달걀물과 빵가루를 섞는다. 주키니꽃에 채워 넣고 찐다(**7-8**).

POINT 실꼬리돔은 껍질이 찢어지기 쉬우므로 직접 뒤집지 말고 오븐시트를 이용한다.

고토열도의 자연산 자바리 아도바도

자바리 같은 바리과의 큰 생선은 적당히 익히면 매력이 반감된다. 큼지막하게 썰어서 숯불로 천천히 제대로 익혀야 감칠맛이 살아난다. 굽기 1시간 정도 전부터 아도보(Adobo, 마리네이드)액을 발라서 상온에 두고, 구운 뒤에는 휴지시켜 육즙을 가둔다(고기 로스팅과 비슷한 느낌). 곁들임은 최소한으로 하여, 자바리의 풍미에 집중한다.

★ 아도바도(Adobado) : 마리네이드한 고기를 구운 요리.

구 성

자바리 아도바도
흑마늘 퓌레
잎채소 부케

상세 레시피 → p.254

- 5일 이상 숙성시킨 자바리를 2인분 이상의 크기로 잘라 꼬치를 꽂고, 폭신하게 완성하기 위해 소금물(약 3.5%)을 분사한다(**1-2**). 잠시 상온에 둔다.
- 아도보액(**3**)은 토마토를 갈아서 절반으로 졸인 뒤, 토스트(빵), 파프리카 파우더, E.V.올리브오일 등과 함께 믹서기에 넣고 갈아서 만든다. 자바리에 바르고 1시간 정도 상온에 둔 뒤, 굽기 5~10분 전에 화로 가장자리에 올린다(**4-5**).
- 숯불 위로 옮겨서 굽는다. 적당히 뒤집어주면서 수분이 빠지지 않고 고르게 익도록 굽는다. 아도보액을 덧바른다(**6**).
- 꼬치가 쉽게 빠지면 속까지 익은 것이다(**7**). 잠시 휴지시킨다. 표면은 바삭하고 고소하며, 속은 익어서 촉촉한 상태(**8**).

POINT 굽기 1시간 정도 전부터 소스를 발라 상온에 둔다.

홋카이도산 홍살치 수켓

홍살치는 지방이 많기 때문에, 숯불로 기름을 빼면서 천천히 굽는 것이 좋다. 수켓 (Suquet)은 생선 육수에 감자를 넣고 끓인 카탈루냐 요리이다. 여기서는 홍살치 뼈를 베이스로, 갈색으로 조린 양파, 토마토, 마늘, 셰리주를 더해 감칠맛 나는 육수를 우려서 소스로 만든다. 전통적으로는 감자를 곁들이지만 구운 가지 퓌레와 돼지감자 훈제 퓌레로 대체하였다.

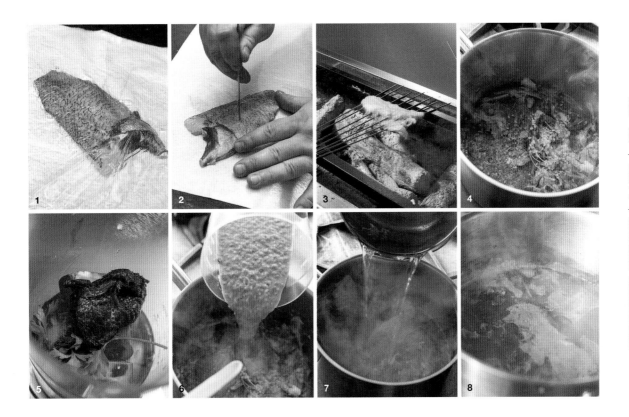

구 성

홍살치 숯불구이
홍살치 육수
구운 가지 퓌레
돼지감자 훈제 퓌레
어린잎채소 믹스

상세 레시피 → p.254

- 홍살치는 필레로 손질하고, 껍질쪽에 탈수시트를 대고 반나절 정도 둔다(**1**).
- 탈수시트를 벗기고 쇠꼬치로 껍질 전체를 여러 번 찌른다(**2**). 이렇게 하면 수축을 막을 수 있고, 기름이 잘 빠지며, 뼈를 쉽게 제거할 수 있다.
- 꼬치를 꽂아서 껍질쪽이 아래로 가도록 화로 가장자리에 올려서 잠시 표면을 말린 뒤, 숯불 위로 옮겨서 2분 정도 굽는다(**3**). 뒤집어서 살쪽을 10~15초 정도 굽는다. 다 구워지면 껍질에 말돈 소금을 뿌린다.
- 〈육수〉 홍살치 머리와 뼈를 볶다가, 쌀(윤기와 농도를 위해)을 넣는다(**4**). 갈색으로 조린 양파, 토마토, 마늘, 이탈리안 파슬리, 셰리주를 핸드 블렌더로 갈아 퓌레로 만들어서(**5-6**) 넣고, 뜨거운 물을 부어서 끓인다(**7-8**).

POINT 껍질 아래쪽의 기름을 빼면서 구워, 화로에 떨어진 기름에 의해 생기는 연기로 향을 입힌다.

옥돔 비늘 구이 카레 풍미 바스크 시드라 소스

옥돔은 바삭한 비늘이 있어야 더 맛이 좋다. 여분의 수분을 제거하고 뜨거운 기름을 뿌려서 비늘을 세우는데, 그렇게 하면 잘 익지 않기 때문에 숯불로 마무리해서, 칼을 대면 쉽게 갈라지는 상태로 완성한다. 옥돔은 이국적인 맛과 잘 어울리기 때문에, 바스크의 시드라(Sidra, 사과술)와 초록사과, 카레가루로 만든 소스를 곁들인다.

구 성

옥돔 비늘 구이
카레 풍미 시드라 소스
레몬 & 생강 풍미 거품
그린 아스파라거스 리본

상세 레시피 → p.255

- 옥돔은 3장뜨기하고 탈수시트로 감싸서 4~5시간 그대로 둔다. 꼬치를 꽂고 소금물(약 3.5%)을 양면에 분사한다(**1**). 살을 부드럽게 부풀리고 비늘을 잘 세우기 위해서이다.
- 비닐랩을 씌워서 1시간 동안 잘 배어들게 한다(**2**).
- 200℃로 가열한 기름을 여러 번 뿌려서 비늘을 세운다(**3**).
- 비늘쪽이 아래로 가게 화로에 올린다(**4**). 4분 정도 굽는데, 굽는 동안 비늘쪽에 가룸을 2번 분사하여(**5**) 고소하게 굽는다. 뒤집어서 몸쪽을 1분 구운 뒤 자른다(**6**). 비늘쪽에 말돈 소금을 뿌린다.
- 〈소스〉 에샬로트 콩피와 초록사과를 볶다가 카레가루, 시드라, 생선 육수를 넣고 끓인다(**7**). 생크림과 버터를 넣고 믹서기로 간 뒤 체에 내린다(**8**).

POINT 탈수 → 소금물 → 기름 뿌리기 → 숯불 + 가룸으로 비늘의 고소함을 살린다.

RECIPES

상세 레시피

멸치젓과
고구마 타르틀레트

p.022-023

요리방법

수제 멸치젓
버터(저지우유 제품)
고구마
고구마가루 타르틀레트
　　고구마가루 … 150g
　　박력분 … 50g
　　버터
　　└ 달걀 … 1개
멸치가루
마른멸치

❶ 나무통에서 숙성시킨 멸치젓을 손질하여
　살을 발라낸다. 칼로 다진다.
❷ 버터를 포마드 상태로 부드럽게 만든 뒤
　①을 넣어 섞는다.
❸ 고구마를 쪄서 으깬다.
❹ 구운 타르틀레트에 ③을 채우고 ②를 바
　른다.
❺ 멸치가루(삶아서 말린 멸치를 간 것)를 표
　면에 듬뿍 올린다.
❻ 마른멸치를 얹는다.

물결처럼 퍼지는 풍미
_ 쑤기미와 쌀 샐러드

p.024-025

쑤기미 밑손질

❶ 쑤기미 급소를 찌르고 지느러미와 내장
　을 제거한 뒤 머리를 잘라낸다. 간은 따
　로 보관한다. 신케지메하고 껍질을 벗긴
　다. 물로 씻고 종이로 수분을 닦아낸 뒤,
　10분 동안 냉장고에 넣어둔다.
❷ 살은 3장뜨기하고 알은 제거한다. 손질
　한 살을 3% 소금물(약숫물에 굵은 소금을
　녹인 것)에 몇 초 동안 담갔다 건져서 키
　친타월로 닦는다. 대나무 채반에 올려서
　2시간 정도 냉장고에 넣어둔다.

요리방법(1인분)

쑤기미 살 … 4~5장
고온압축 참기름[島原ほんだ木蝋]
　　… 적당량
멸치액젓[ヤマジョウ] … 적당량
데친 쌀 … 1큰술
잎양파 피클 … 1/2작은술
말똥성게 … 3덩어리
다시마 육수 … 적당량
유화제[Sucro emul]
　　… 다시마 육수의 0.1% 분량

❶ 쑤기미 살과 간을 얇게 썬다.
❷ 참기름과 멸치액젓을 섞어서(5:1 기준),
　쑤기미 살과 간을 각각 버무린다.
❸ 다시마 육수에 유화제를 넣고 핸드 블렌
　더로 거품을 낸 뒤 1분 동안 둔다.
❹ 데친 쌀(레몬즙과 올리브오일을 넣은 물로
　데친 뒤, 씻어서 물기를 뺀다)과 잎양파 피
　클을 섞어서 접시에 담는다. 말똥성게를
　얹고 쑤기미 살과 간으로 덮는다. ③을
　올린다.

다시마 육수

약숫물에 다시마와 소금을 넣고 60℃에
서 2시간 동안 우려낸 뒤 체에 거른다.

잎양파 피클

감식초와 화이트와인 비네거를 섞어서
끓인 뒤, 다진 잎양파를 넣고 불을 끈다.
그대로 식혀서 절인다.

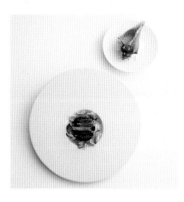

간바 「가메타키」

p.026-027

국매리복 밑손질

❶ 국매리복의 급소를 찌르고 껍질을 벗긴 뒤 신케지메한다. 물로 씻고 종이로 물기를 닦는다.

❷ 3장뜨기한다. 알덩어리를 잘라내고 얇은 막을 벗긴다. 대나무 채반에 올리고 소금을 뿌려서 10분 정도 냉장고에 넣어둔다. 3% 소금물(약숫물＋굵은 소금)로 씻고 두툼한 키친타월로 물기를 닦는다.

요리방법

국매리복 1인분 … 1/2마리
성호원무 마리네이드
자몽(속껍질을 벗겨 과육을 풀어 놓는다)
풋마늘 오일
끓인 청주 … 약 40㎖

❶ 석쇠(일단 화로에서 가열한다)에 솔로 기름을 바르고 국매리복을 가지런히 올린다. 숯 위에 짚을 올려 불을 붙이고 석쇠를 올려서 5~10초 정도 국매리복을 굽는다. 은은하게 향을 입히는 과정이다. 얇게 썰어서 소금을 뿌린다.

❷ 소금을 뿌린 접시에 최대한 얇게 슬라이스한 성호원무를 가지런히 올린다. E.V.올리브오일과 레몬즙을 뿌려서 몇 분 동안 마리네이드한다.

❸ 자몽 과육을 접시에 담고 주위에 국매리복을 올린 뒤, 그 위에 ②를 덮는다. 풋마늘 오일을 조금 떨어뜨리고 끓인 청주를 붓는다.

풋마늘 오일

풋마늘과 실파를 같은 비율로 섞고, 올리브오일을 적당히 넣어서 믹서기로 간 뒤 체에 내린다.

끓인 청주

청주 … 400㎖
우메보시(매실절임) … 1개
다시마 … 1장

재료를 모두 냄비에 담아 가열하고, 알코올이 날아가면 불을 끈다.

겨울 밭에서

_ 시금치와 털탑고둥

p.028-029

요리방법

털탑고둥
시금치(일본 재래종)
참기름[寿の白胡麻油]
액젓[五島の醬]
양파누룩
멸치 육수

❶ 털탑고둥 껍데기를 칼등으로 두드려서 구멍을 낸다. 칼끝을 넣고 관자를 잘라서 분리한다. 입구쪽으로 꼬치를 찔러 살을 비틀어서 꺼낸다. 뚜껑과 외투막을 제거한다(육수용으로 활용한다).

❷ 고둥 살을 얇게 저미고 다시 얇게 갈라서 펼친다.

❸ ②를 끓는 소금물에 살짝(3~4초) 데친 뒤, 얼음물에 담근다. 건져서 두툼한 키친타월로 물기를 완전히 닦고, 참기름과 액젓으로 버무린다.

❹ 시금치를 소금물에 살짝 데쳐 얼음물에 담갔다 빼서 물기를 짠다. 참기름과 액젓으로 버무린다.

❺ 양파누룩과 멸치 육수를 1:1 비율로 섞는다.

❻ 접시에 시금치를 담고 주위에 털탑고둥을 올린다. ⑤를 따로 곁들이고, 손님 앞에서 뿌려서 제공한다.

양파누룩

양파와 누룩을 버무려서 6개월 숙성시킨 뒤 믹서기로 간다.

게살 소면

p.030-031

요리방법

꽃게
시마바라 소면
꽃게 소스
E.V.올리브오일
레몬즙

❶ 살아있는 꽃게의 급소를 찌른다. 소금을 넣은 끓는 물에 삶는다. 살짝 식으면 껍데기에서 게살과 난소(알집)를 빼낸다. 게살을 풀어준다.

❷ 소면을 1분 동안 삶아서 얼음물과 흐르는 물로 식힌다. 바로 두툼한 키친타월로 감싸서 물기를 제거한다.

❸ 꽃게 소스에 E.V.올리브오일과 레몬즙을 넣고 섞어서, ②를 버무린다.

❹ ③을 핀셋으로 집어서 접시 위에 올린 원형틀 안에 넣는다. 게살과 난소를 위에 얹는다. E.V.올리브오일에 레몬즙을 섞어서 뿌린다.

❺ 원형틀을 빼내고 게 껍데기를 씌운다.

꽃게 소스

꽃게 껍데기 … 12마리 분량
마늘 … 6쪽
얇게 썬 양파 … 4개
월계수잎 … 1장
화이트와인 … 200㎖
물(약숫물) … 적당량
사프란 … 1꼬집
토마토 페이스트 … 2큰술

❶ 올리브오일을 두르고 마늘과 양파를 볶는다. 꽃게 껍데기와 월계수잎을 넣고 섞으면서 충분히 볶는다.

❷ 수분이 없어지면 화이트와인을 넣고 알코올을 날린 뒤, 물을 자작하게 붓는다. 끓으면 거품을 걷어내고, 사프란과 토마토 페이스트를 넣어 1시간 정도 끓여서 체에 거른다.

❸ 깊은 맛이 충분히 우러날 때까지 졸인다.

굴과 당근

p.032-033

참굴 소테

❶ 굴 껍데기를 열고 굴을 빼낸다. 즙은 버리지 말고 따로 보관한다.

❷ 굴에 메밀가루를 묻힌다. 프라이팬을 충분히 가열하고 올리브오일을 두른 뒤, 굴을 소테한다. 몇 번 뒤집어서 양면이 노릇해지고 고소한 향이 나면 꺼낸다.

당근 퓌레

❶ 당근을 얇게 썰어 버터를 넣고 쉬에한 뒤, 우유를 자작하게 부어 끓인다.

❷ 믹서기로 갈아서 체에 내린다.

당근즙

당근을 착즙기에 넣고 즙을 짜서 소금으로 간을 한다.

우유 거품

저지우유에 굴즙을 넣고 냄비에 담아 데운다. 핸드 블렌더로 거품을 낸다.

완성

접시에 당근 퓌레를 담고 굴 소테를 올린 뒤 당근즙을 두른다. 굴 주위에 우유 거품을 두른다.

보리새우 라비올리

p.034-035

요리방법(2인분)

보리새우 … 1마리
하룻밤 절인 배추(나가사키 배추) … 적당량
양파 소프리토 … 1작은술
라비올리 반죽 … 적당량
┌ 밀가루[ミナミノカオリ]
│ 물
└ 세몰리나가루(덧가루용)
생햄 콩소메 … 250㎖
말린 능이버섯 … 2개

❶ 보리새우를 얼음물에 담가 기절시킨 뒤,
   껍질을 벗기고 잘게 썬다.
❷ ①의 1/2 분량의 다진 배추절임(나가사
   키 배추를 하룻밤 소금에 절인 것)과 양파
   소프리토(올리브오일을 두르고 다진 양파
   를 갈색으로 볶은 것)를 ①에 넣고 섞는다.
❸ 라비올리 반죽(재료를 반죽해서 하룻밤 재
   운 것)을 파스타머신으로 밀어서 지름 6
   ㎝로 찍어낸다. ②를 올려 카펠레티 모양
   으로 만든다.
❹ ③을 삶아서 수프 컵에 담는다.
❺ 동시에 생햄 콩소메와 능이버섯을 냄비
   에 넣고 데운 뒤, 소금으로 간을 맞춘다.
   컵에 붓는다.

생햄 콩소메

생햄(p.210「fish & ham」참조) 자투리
   … 400g
양파 … 3개
다시마(시마바라산) … 40㎝ × 2장
물 … 8ℓ

❶ 재료를 섞어서 2시간 정도 끓인다.
❷ 감칠맛과 짠맛을 확인하고 체에 거른다
   (생햄의 기름은 거르지 않고 남긴다).

오징어와 홍심무

p.036-037

갑오징어 마리네이드와
오징어 다리 숯불구이

갑오징어 몸통, 지느러미, 다리
┌ 마늘 누룩절임* … 1/2작은술
A│ 다카나씨로 만든 머스터드**
└   … 1/3작은술
E.V.올리브오일 … 1큰술

* 간 마늘에 소금누룩을 섞어서 숙성시킨다.
** 다카나 씨를 물에 담가서 발효시킨 뒤(부푼다),
   물을 버리고 화이트와인 비네거로 절인다.

❶ 갑오징어를 잡아서 껍질을 벗기고 다리,
   지느러미, 내장을 분리한다. 오징어 몸통
   의 껍질을 면보로 문질러서 벗긴 뒤, 종
   이로 물기를 완전히 닦는다.
❷ 오징어를 반으로 자르고 살을 최대한 얇
   게 썬다. 적당한 크기로 잘라 볼에 담고,
   A를 넣어 버무린다.
❸ 오징어 다리를 한입 크기로 자른다. 지느
   러미는 표면에 칼집을 낸다. 각각 올리브
   오일을 발라서 숯불로 굽는다.

홍심무 프리토

홍심무
튀김반죽
   적토미 가루 … 20g
   강력분 … 100g
   인스턴트 드라이이스트 … 1g
   └ 물 … 120㎖
탄산수 … 적당량
메밀가루(덧가루용) … 적당량
무청가루 … 적당량

❶ 튀김반죽 재료를 섞어서 면보를 씌운 뒤,
   상온에서 1시간 동안 발효시킨다. 적당
   량의 탄산수를 넣어 묽게 만들고, 차갑게
   식힌다.
❷ 홍심무 껍질을 벗기고 약 7㎜ 두께로 반
   달썰기한다. ①을 입혀서 튀긴다.
❸ 기름기를 제거한 뒤 소금과 무청가루(무
   청을 건조기에서 말린 뒤 간 것)를 뿌린다.

완성

시마바라 딸기 소스
   시마바라 딸기즙 … 적당량
   └ 연겨자가루(물에 갠다) … 적당량
딜

❶ 접시에 홍심무 튀김을 담고 오징어 마리
   네이드를 얹은 뒤 딜을 올린다.
❷ 오징어 다리 숯불구이와 시마바라 딸기
   소스(딸기즙과 물에 갠 연겨자를 섞는다)를
   곁들인다.

성게와 밭미나리 라비올리

p.038-039

요리방법

순두부
두유
보라성게
밭미나리
참기름[寿の白胡麻油]
액젓[五島の醤]
다시마 육수(p.206)

❶ 순두부를 채반에 올려서 물기를 뺀다. 적당량의 다시마 육수와 같이 믹서기에 넣고 갈아서 소스를 만든다.
❷ 밭미나리를 소금물에 데쳐서 얼음물에 담가 식힌다. 물기를 짜고 잘게 다진다. ①을 섞고 참기름과 액젓으로 간을 한다.
❸ 두유를 가열하여 표면에 생긴 막을 1장씩 건진 뒤, 다시마 육수에 담가서 유바를 만든다.
❹ 유바를 펼쳐서 ②와 성게를 싼 뒤 접시에 담는다. ①의 소스에 소금과 참기름으로 간을 해서 끼얹는다.

초여름 밭에서

_주키니와 쥐치 샐러드

p.040-041

요리방법

쥐치 살과 간
보라성게
생참기름
멸치액젓[ヤマジョウ]
노란 주키니
  레몬즙
  └ E.V.올리브오일
양파 피클
생크림(35%)
레몬 제스트와 즙
E.V.올리브오일 / 딜꽃

❶ 쥐치를 잡아서 피를 빼고 신케지메한 뒤, 3장뜨기한다. 살을 얇게 썰고 생참기름을 바른다.
❷ 쥐치 간은 고운체에 내린다. 상태에 따라 보라성게를 고운체에 내린 것을 섞어서, 감칠맛을 보충한다. 여기에 멸치액젓을 넣고 섞는다.
❸ 쥐치에 ②의 간 소스를 바른다.
❹ 노란 주키니를 채칼을 사용하여 세로로 길게 슬라이스한다. 소금을 뿌린 트레이에 가지런히 늘어놓고, 레몬즙과 올리브오일을 뿌려 살짝 마리네이드한다.
❺ 접시에 ④의 주키니 1장을 깔고 ③을 가지런히 올린 뒤 양파 피클을 올린다. 주키니 1장을 덮는다. 생크림에 소금을 넣어 간을 해서 둘러주고, 레몬 제스트와 즙, E.V.올리브오일, 딜꽃을 뿌린다.

양파 피클

_레드와인 비네거를 끓인 뒤 다진 양파를 넣고 불을 끈다. 그대로 식혀서 절인다.

문어 꽃다발

p.042-043

문어

참문어
A ┌ 고온압축 참기름[島原ほんだ木蝋]
  └ 멸치액젓[ヤマジョウ]

❶ 참문어의 급소를 뾰족한 칼로 찔러서 잡고, 내장을 제거한 뒤 물로 씻는다. 소금을 넉넉히 묻힌 뒤, 문어가 살짝 잠길 정도의 물과 함께 전용 세탁기에 넣고 15분 정도 돌린다.
❷ 다리를 잘라서 껍질을 벗긴 뒤, 1개씩 비닐랩으로 싸서 2시간 동안 냉동한다.
❸ 빨판이 붙어 있는 껍질을 끓는 소금물에 20~30초 정도 데친 뒤, 얼음물에 담가서 식히고 물기를 뺀다. 빨판을 1개씩 떼어낸다.
❹ 껍질은 다시 5분 동안 삶아서 식히고, 물기를 빼서 식초에 절인다. 잘게 다진다.
❺ 냉동한 문어 다리를 최대한 얇게 썰어서 A를 넣고 버무린다. 빨판도 A를 넣고 버무린다.

양배추와 문어 껍질 샐러드

양배추를 끓는 소금물에 데친 뒤, 얼음물에 담갔다 건져서 물기를 빼고 다진다. 양파 슬라이스(물에 헹구지 않는다), 다진 문어 껍질과 섞어서 화이트와인 비네거를 넣고 버무린다.

보리새우 초목찜

p.044-045

완성

마늘 마요네즈
꽃(무, 딜, 고수 등)
부추 오일
레몬즙

❶ 접시에 원형틀을 올리고 샐러드를 채운 뒤, 문어를 올리고 빨판을 얹는다. 마늘 마요네즈(데친 마늘과 올리브오일 또는 훈제 올리브오일, 소량의 화이트와인 비네거, 레몬즙을 섞어서 믹서기로 간 것)를 점점이 짜고 꽃을 올린다.

❷ 부추 오일(부추와 생참기름을 믹서기에 넣고 갈아서 체에 거른 것)에 레몬즙을 넣고 접시에 두른다.

요리방법(1인분)

보리새우 … 1~2마리
양파 소프리토 … 1작은술
주키니꽃 … 1개
E.V.올리브오일 … 적당량
무화과잎, 레몬잎 등 … 적당량
주키니(둥글게 썬 것) 소테 … 3장

❶ 보리새우를 얼음물에 담가 기절시킨 뒤 머리를 떼고 껍질을 벗긴다. 새우 살을 곱게 다지고 소금, 양파 소프리토(올리브오일을 두르고 다진 양파를 갈색으로 볶은 것)를 섞는다.

❷ 주키니꽃의 암술과 수술을 제거하고 꽃잎 안에 ①을 채운다. 표면에 E.V.올리브오일을 뿌린다.

❸ 대나무 찜기에 무화과잎을 깔고 ②를 가지런히 올린 뒤 무화과잎과 레몬잎 등을 덮어준다. 10분 정도 찐다.

❹ 수프 접시에 ③을 담고 주키니 소테를 곁들인다. 새우 브로도에 파기름을 넣고 접시에 두른다.

새우 브로도(6인분)

보리새우 머리와 껍질 … 12마리 분량
물 … 500㎖
후추, 월계수잎 … 적당량씩
양파누룩(p.207)

❶ 보리새우 머리와 껍질을 180℃ 오븐에 넣고 30분 동안 굽는다.

❷ 냄비에 물을 끓이고 ①과 월계수잎을 넣는다. 끓으면 거품을 걷어낸 뒤 10분 정도 끓인다. 양파누룩과 후추를 넣고 계속 끓여서 맛을 낸다. 두툼한 키친타월로 거른다.

파기름

잘게 썬 실파와 올리브오일을 섞어서 믹서기에 넣고 간다. 체에 내린다.

Fish & Ham
p.046-047

갯장어 밑손질

❶ 갯장어는 머리를 잘라내고 70℃ 물로 30초 정도 데친 뒤 얼음물에 담근다. 배를 갈라서 내장을 제거하고, 재빨리 물로 씻어서 종이로 물기를 닦는다.

❷ 종이로 싸서 1시간 정도 냉장고에 넣어 두고, 살을 단단하게 만든다.

튀김반죽

적토미 가루 … 40g
강력분 … 100g
인스턴트 드라이이스트 … 1g
물 … 150㎖
탄산수 … 적당량

❶ 탄산수 외의 재료를 섞은 뒤, 1시간 동안 상온에 두고 발효시킨다.

❷ 사용할 때는 탄산수를 적당히 부어 부드러운 상태로 만든다.

완성

박력분
양파(얇게 썰기) / 청소엽(채썰기)
레드와인 비네거
생햄(후쿠도메 목장의 14개월된 새들백종 돼지 프로슈토)

❶ 갯장어를 3장뜨기하고 지느러미를 제거한다. 뼈를 자르고 5㎝ 폭으로 썬 뒤, 박력분과 튀김반죽을 입혀서 튀긴다.

❷ 양파를 물에 담갔다 건져서 키친타월로 물기를 닦는다. 청소엽, 레드와인 비네거, 소금, 후추를 넣고 섞는다.

❸ 접시에 ②를 담고 ①을 2조각 올린다. 생햄을 최대한 얇게 썰어서 갯장어를 감싸듯이 덮어준다.

산과 바다_바위굴
p.048-049

요리방법(1인분)

바위굴 … 1개
다시마 육수(p.206) … 적당량
카망베르 무스 … 1작은술(소복이)
양파 피클 … 1작은술
다시마 육수 거품

❶ 3년산 바위굴 껍데기를 열어 굴을 꺼내고, 굴즙은 따로 보관한다.

❷ 굴을 약하게 끓는 물에 넣고 살짝 데친다. 체로 건져서 얼음물을 받친 다시마 육수에 담근다.

❸ 접시에 카망베르 무스를 깔고 양파 피클(p.210)을 올린다. ②를 담고 다시마 육수 거품으로 덮는다.

카망베르 무스

저지우유 카망베르[玉名牧場, 표면의 곰팡이는 사용하지 않는다] … 300g
생크림(저지우유, 35%) … 680g
젤라틴(물에 불린다) … 8g

❶ 생크림 일부를 따뜻하게 데워서 젤라틴을 녹이고 카망베르에 섞는다.

❷ ①에 휘핑한 생크림을 섞는다.

다시마 육수 거품

다시마 육수(p.206)
레몬즙 … 적당량
유화제[Sucro emul]

다시마 육수에 레몬즙을 넣고 전체의 0.1% 분량의 유화제를 넣어 거품을 낸다. 1분 정도 그대로 둔다.

오징어 소면
p.050-051

요리방법

입술무늬갑오징어 / 시마바라 소면
먹물 소스 / 올리브오일
초피열매 오일 / 초피 어린잎

❶ 입술무늬갑오징어를 잡아서 칼집을 내고 뼈를 제거한다. 내장과 다리를 분리하고 물로 씻으면서 껍질을 벗긴다. 먹물주머니는 따로 보관한다. 종이로 물기를 꼼꼼하게 닦는다.

❷ 몸통을 자르고 얇은 껍질을 벗긴다. 표면에 2㎜ 정도의 간격으로 격자무늬 칼집을 내는데, 몸통 두께의 절반 깊이로 낸다. 3×1㎝ 정도로 자른다. 표면에 올리브오일을 바른다.

❸ 소면을 삶아 얼음물에 담가 식힌 뒤, 두꺼운 키친타월로 싸서 물기를 충분히 제거한다. 먹물 소스와 E.V.올리브오일로 버무린다. 원형틀을 사용해 접시에 담는다.

❹ ②의 표면에 올리브오일을 바르고, 오일을 두른 프라이팬에 올려 살짝 소테한 뒤 소금을 뿌린다. ③위에 가지런히 놓고, 초피열매 오일과 초피 어린잎을 뿌린다.

먹물 소스

꽃게 소스(p.208) … 100㎖
먹물 주머니 … 1/2(크기에 따라 조절)

❶ 꽃게 소스를 냄비에 담아 데우고, 먹물을 넣어 한소끔 끓인다.

❷ 식힌다.

초피열매 오일

❶ 초피열매를 데친 뒤 물을 따라낸다.

❷ 180℃로 가열한 생참기름에 ①을 넣고 그대로 식힌다.

점수구리

p.052-053

요리방법(1인분)

점수구리 … 적당량
말라바시금치 … 적당량
끓인 청주(p.207) … 40㎖
굴 & 보리미소 소스 … 1작은술
초피열매 피클의 식초 … 조금
파기름 … 조금

❶ 점수구리는 머리를 잘라내고 내장을 제거한 뒤 신케지메한다. 물로 씻고 종이로 물기를 충분히 닦아낸다.
❷ 등뼈를 따라 양쪽 살을 분리한 뒤 껍질을 벗긴다. 가장자리를 저민다. 살을 얇게 저민다.
❸ 얼음물로 씻어서 살을 단단하게 만든 뒤, 두툼한 키친타월로 물기를 닦아낸다.
❹ 말라바시금치는 끓는 소금물에 몇 초 정도 데친 뒤, 얼음물에 담가서 식히고 물기를 짠다. 자른다.
❺ ③과 ④를 접시에 담고 끓인 청주를 뿌린다. 파기름(p.211), 초피열매 피클의 식초(데친 초피열매를 절인 화이트와인 비네거)를 몇 방울 떨어뜨린다.
❻ 굴 & 보리미소 소스를 곁들인다.

굴 & 보리미소 소스

훈제굴 오일절임 … 3개
보리미소 … 1큰술

훈제굴 오일절임(굴을 훈제한 뒤 올리브오일을 넣고 끓여서 절인다)과 보리미소를 섞어서 믹서기로 간다. 체에 내린다.

흑대기와 유채

p.054-055

흑대기 소테

❶ 흑대기를 이케지메하고 머리와 내장을 제거한 뒤 꼬리를 잘라낸다. 몸통 옆면에 칼집을 내서 살을 갈라서 펼치고, 가위로 잔뼈와 지느러미를 함께 잘라낸다. 알은 원래대로 둔다.
❷ ①에 소금을 뿌려서 2~3시간 둔다.
❸ 물로 씻고 두툼한 키친타월로 물기를 닦는다.
❹ 달군 프라이팬에 올리브오일을 넉넉히 두르고 ③을 올려서, 오일을 끼얹으며 천천히 굽는다. 3분 정도 지나면 뒤집어서 다시 3~4분 굽는다. 종이 위에 올려 기름기를 제거하고, 위쪽 살을 분리해서 뼈를 발라낸다.

바지락 & 셀러리 소스

❶ 셀러리를 얇게 썰어서 살짝 볶은 뒤, 바지락(껍데기째)과 화이트와인을 넣는다. 바지락 껍데기가 열릴 때까지 가열하여 육수를 우려내서 체에 거른다.
❷ 냄비에 담아 가열한 뒤 칡전분을 넣어 걸쭉하게 만든다.

유채

겨울 유채
바지락 & 셀러리 소스

❶ 겨울 유채를 잎, 줄기, 꽃으로 나눈다.
❷ 올리브오일을 두른 프라이팬에 잎을 가지런히 올리고 소금을 뿌려, 색이 날 때까지 충분히 굽는다.
❸ 줄기와 꽃도 올리브오일을 두른 프라이팬에 구운 뒤, 바지락 & 셀러리 소스를 넣어 버무린다.

완성

접시에 흑대기를 담고 유채 줄기, 꽃, 잎을 곁들인다. 레몬즙과 E.V.올리브오일을 뿌리고 유자 제스트를 올린다. 유채 뿌리 피클을 곁들인다.

전복

p.056-057

요리방법(2인분)

전복 ⋯ 1개
청주 ⋯ 적당량
버터 ⋯ 약 50g
생햄 콩소메(p.209) ⋯ 적당량
칡전분 ⋯ 적당량

❶ 전복은 껍데기째 수세미로 문질러서 씻는다. 껍데기에서 살을 떼어낸다.

❷ 청주와 약숫물을 1:3 비율로 볼에 붓고 전복을 넣는다. 껍데기를 덮은 뒤 볼에 비닐랩을 씌운다. 95℃ 스팀컨벡션 오븐에서 1시간, 그리고 85℃로 온도를 내려서 2~3시간 더 가열한다.

❸ 속까지 부드럽게 익으면 꺼낸다. 간을 분리한다. 관자는 뜨거울 때 양면에 칼집을 내고, 버터를 듬뿍 넣어 소테한다. 연한 갈색의 버터 거품을 끼얹으면서 3~4분 동안 천천히 가열한다.

❹ 동시에 생햄 콩소메와 전복찜 국물을 섞어서 끓이고, 칡전분을 넣어 걸쭉하게 만든다.

❺ 전복을 반으로 잘라 접시에 담고, ④를 표면에 바른다. 준비한 완두콩과 주키니 조림을 곁들이고 민트잎을 뿌린다.

❻ 간과 흑마늘 퓌레를 작은 럭비공모양으로 만들어서 곁들인다.

완두콩과 주키니 조림

❶ 완두콩을 냄비에 담고 물을 자작하게 부은 뒤 버터와 소금을 넣어 끓인다.

❷ 동시에 2가지 색 주키니를 둥글게 썰어서 올리브오일로 소테한다. ①의 냄비에 넣고 살짝 끓여서 소금으로 간을 한다.

간과 흑마늘 퓌레

전복 간과 흑마늘을 섞고 전복찜 국물을 조금 넣어 믹서기로 간 뒤 체에 거른다.

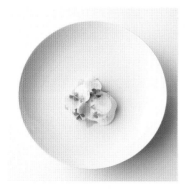

순무와 꽃게

p.060-061

꽃게

꽃게
육수 줄레
    가쓰오부시 육수 … 200㎖
    시로쇼유 … 15㎖
    끓인 맛술 … 10㎖
    젤라틴 … 1.5% 분량
유자즙

❶ 꽃게를 20분 삶은 뒤 한김 식힌다.
❷ 면보를 덮고 냉장고에 넣어서 식힌다. 살을 발라낸다.
❸ 육수 줄레(재료를 섞어서 식힌다)와 유자즙으로 살짝 버무린다.

순무 마리네이드

❶ 순무는 껍질을 벗겨 1/2로 자른 뒤 세로로 3등분한다. 단면이 2㎝ 정사각형이 되도록 막대모양으로 자른다. 비스듬히 촘촘한 칼집을 넣어, 길이 3㎝ 정도로 자른다. 소금을 뿌리고 몇 분 동안 그대로 둔다.
❷ 물기를 제거하고 피클 비네거, E.V.올리브오일, 유자즙, 유자 껍질(소금을 넣고 주무른 것)을 넣고 버무린다.

피클 비네거

화이트와인 … 280㎖
화이트와인 비네거 … 180㎖
설탕 … 30g

재료를 섞어서 한소끔 끓인 뒤 식힌다.

순무 무슬린

❶ 순무는 껍질을 벗기고 듬성듬성 썰어서 냄비에 담고, 물을 자작하게 붓는다. 쌀(순무의 10% 분량), 소금, 설탕을 넣고 40분 끓인 뒤 체에 내린다.
❷ ①에 10% 분량의 마스카르포네 치즈를 넣고 믹서기로 갈아서, 에스푸마 사이펀에 넣는다.

유채 절임

유채를 살짝 데친 뒤 얼음물에 담갔다 빼서 물기를 짠다. 절임액(가쓰오부시 육수, 우스구치 간장, 유자즙)에 담근다.

순무 슬라이스

작은 순무를 최대한 얇게 슬라이스한다.

완성

❶ 순무 마리네이드, 유채 절임을 접시에 담는다. 순무에 게살을 얹고 유채 위에 에스푸마를 짠다.
❷ 모두 덮이도록 작은 순무 슬라이스를 올리고 유자 제스트를 갈아서 뿌린다. 순무 마리네이드 국물과 E.V.올리브오일을 두른다. 옥살리스잎을 뿌린다.

흰꼴뚜기와 셀러리악

p.062-063

흰꼴뚜기 밑손질

❶ 흰꼴뚜기를 손질해서 냉동한다(부드럽게 만들기 위해 필요한 과정). 반해동 상태에서 최대한 얇게 저민다.
❷ 슬라이스한 오징어를 1장씩 가장자리가 겹치게 놓고, 냉동실에 넣는다(달라붙어서 시트 상태가 된다). 최대한 가늘게 썬다.

셀러리악 크림

셀러리악은 껍질을 벗기고 우유를 자작하게 부어, 부드러워질 때까지 끓인다. 믹서기에 넣고 갈아서 퓌레를 만든다. 버터와 소금을 넣고 데운다.

라임드레싱

라임즙 … 50㎖
E.V.올리브오일 … 50㎖
끓인 맛술 … 25㎖
남플라(피시소스) … 10㎖
소금 … 적당량

완성

타르틀레트
라임 제스트
민트꽃
처빌

타르틀레트에 셀러리악 크림을 짜고, 흰꼴뚜기 10g을 올린 뒤 라임드레싱을 뿌린다. 라임 제스트를 갈아서 뿌리고, 민트꽃과 처빌로 장식한다.

굴과 배추

p.064-065

굴과 배추 구이

❶ 굴을 180℃ 오븐에 넣고 살이 탱탱해질 때까지 2분 정도 굽는다. 바로 얼음물을 받친 트레이에 옮겨서 쥐와 함께 식힌다.

❷ 배추를 1장씩 떼어서 뚜껑이 달린 깊은 스테인리스 트레이에 담는다. 올리브오일, 로즈메리, 소금을 뿌리고 뚜껑을 덮는다. 200℃ 컨벡션오븐에서 7분 동안 찐다.

❸ ②의 배추 10장 정도를, 사이사이에 로즈메리를 끼워서 겹쳐 밀푀유처럼 만든다. 2×3cm 정도로 자른다.

❹ ③의 사이에 굴을 끼우고 꼬치에 꽂는다. 올리브오일을 바르고 장작불로 굽는다. 가장자리가 탈 정도로 충분히 굽는다. 소금을 뿌린다.

파르망티에

A ┌ 양파(굵게 다지기) … 1/2개
　└ 대파(굵게 다지기) … 1줄
감자(굵게 다지기) … 2개
베이컨 … 20g
퐁 드 볼라유 … 300㎖
우유 … 300㎖
굴 쥐 … 적당량

올리브오일을 두르고 A를 볶다가 감자와 베이컨을 넣어 살짝 볶는다. 퐁 드 볼라유를 붓고 부드러워질 때까지 끓인다. 믹서기로 갈고 우유와 굴 쥐를 넣어 농도를 조절한 뒤, 소금으로 간을 한다.

완성

❶ 나무상자 안에 세팅한 접시에 파르망티에를 담고, 굴과 배추 구이(꼬치는 뺀다)를 담는다. 라르도 디 콜로나타 슬라이스, 레몬 제스트 콩피(레몬 제스트를 채썰고 3번 데쳐서 물을 따라낸 뒤, 레몬즙과 설탕을 넣고 조려서 레몬향 오일로 향을 낸 것)를 얹은 뒤 토치로 그을린다.

❷ E.V.올리브오일을 두르고 검은 후추를 갈아서 뿌린다. 따뜻하게 데운 브리오슈를 담는다. 상자 뚜껑을 닫고 스모크건을 이용해 틈새로 연기를 넣는다.

은밀복과 순무

p.066-067

은밀복

❶ 은밀복을 필레로 손질하고 올리브오일을 바른 뒤, 장작불로 표면을 굽는다. 속은 반 정도 익은 상태로 완성한다.

❷ 약 7mm 폭으로 자른다.

순무채 샐러드

❶ 큰 순무의 껍질을 벗기고 곱게 채썬다.

❷ 프렌치드레싱을 넣어 버무린다.

사과 & 순무 모미지오로시

사과 간 것 … 100g
순무 간 것 … 200g
유자즙 … 20㎖
끓인 맛술 … 40㎖
E.V.올리브오일 … 100㎖
피망 데스플레트 … 1작은술

재료를 섞는다.

아보카도 크림

아보카도 … 500g
마스카르포네 … 50g
사워크림 … 150g
생크림(35%) … 150g
레몬즙 … 적당량

재료를 섞는다.

청소엽 오일

청소엽(청차즈기) … 100장
포도씨오일 … 400g

❶ 포도씨오일을 120℃까지 가열한 뒤, 청소엽을 넣고 식힌다.

❷ 믹서기로 간다.

이리 리솔레

p.068-069

프렌치드레싱

사과 … 150g
생강 … 50g
셀러리 … 250g
피클 비네거(p.215) … 400㎖
물 … 200㎖
E.V.올리브오일 … 500g

❶ 모든 재료를 냄비에 넣고 가열한다. 1~2 분 끓인 뒤 식힌다.
❷ 믹서기로 갈고 체에 내린다.

완성

차이브
차즈기꽃
캐비아

❶ 접시에 사과 & 순무 모미지오로시를 깔 고 복어(1/3마리 분량)를 가지런히 올린 뒤, 순무채 샐러드를 담는다. 아보카도 크림을 곁들인다.
❷ 청소엽 오일을 두르고 허브류를 올린다.
❸ 취향에 따라 캐비아를 올린다.

이리 리솔레

대구 이리
청주 … 적당량

A {
우유 … 400㎖
물 … 400㎖
퐁 드 볼라 유 … 200㎖
끓인 맛술 … 50㎖
월계수잎 … 1장
검은 후추 … 20알
생강 슬라이스 … 약 5개
}

튀김옷 … 적당량

{
튀김가루 … 3
전분가루 … 1
찬물 … 적당량
올리브오일 … 조금
}

박력분 … 적당량

❶ 이리를 청주로 씻는다.
❷ A를 냄비에 담고 불에 올려 80℃를 유지 하면서, ①을 10분 동안 포셰한다. 냄비 째 얼음물에 담가 식혀서 국물에 향이 배 게 한다.
❸ 이리를 꺼내 물기를 제거한다. 튀김옷을 입힌 뒤, 기름을 두른 철판에 올려 아랫 면을 굽는다. 중간에 박력분을 뿌리고 뒤 집어서 양면에 탄 자국을 확실히 낸다. 기름에 살짝 튀긴다.

발사믹 풍미 소스

A {
양파(다지기) … 100g
에샬로트(다지기) … 80g
생강(채썰기) … 25g
발사믹식초 … 50㎖
끓인 맛술 … 10㎖
사시미간장 … 20㎖
올리브오일 … 50㎖
소금 … 적당량
}

마데이라주 … 100㎖
콩소메 … 100㎖

❶ A를 섞어서 끓인다.
❷ 마데아라주와 콩소메를 넣고 살짝 졸여 서 맛을 낸다.

완성

토마토 콩카세
핀 제르브
E.V.올리브오일
꽃송이버섯 소테(소금 뿌리기)
백합뿌리 튀김 (소금 뿌리기)
검은 후춧가루

❶ 〈소스 마무리〉 적당량의 발사믹 풍미 소 스를 데운 뒤, 토마토 콩카세와 다진 허브 를 넣어 살짝 끓인다. 소금과 E.V.올리브 오일을 넣어 간을 한다. 접시에 담는다.
❷ 이리를 담고 꽃송이버섯 소테와 백합뿌 리 튀김을 올린다.
❸ 이리를 포셰한 국물을 핸드 믹서로 섞어 서 거품을 낸 뒤, 소복하게 올린다. 초피 가루를 뿌린다.

연어알 스틱

p.070-071

요리방법

연어알 간장절임

춘권피

아보카도 크림

> 아보카도(다지기) ··· 60g
> 마스카르포네 ··· 10g
> 기자미 와사비(절임) ··· 10g
> 레몬즙 ··· 적당량
> 끓인 맛술 ··· 적당량
> └ 소금 ··· 적당량

유자 제스트

❶ 춘권피를 반으로 자르고 약 4㎝ 폭으로 나눈다. 2장을 겹쳐서 포도씨오일을 바른다. 길이 22㎝, 폭 1㎝, 높이 1㎝로 특별 주문한 ㄷ자형 틀에 깔고, 위에 또 하나의 틀을 겹쳐서 끼운다. 삐져나온 부분은 잘라서 정리한다. 200℃ 오븐에 굽는다.

❷ 아보카도 크림 재료를 섞는다. 작은 짤주머니에 넣는다.

❸ 구운 뒤 틀에서 떼어낸 ①의 바닥에 ②를 짠다. 연어알 간장절임을 그 위에 올린다. 유자 제스트를 갈아서 뿌린다.

방어햄과 황금순무

p.072-073

요리방법

방어

마리네이드 소금(소금 3 : 설탕 2)

황금순무

스다치 크림

> 생크림(35%) ··· 150㎖
> 스다치즙 ··· 15㎖
> 우유 ··· 20㎖
> 우스구치 간장 ··· 25㎖
> 끓인 맛술 ··· 10㎖
> └ E.V.올리브오일 ··· 20㎖

양하 피클

와사비 간 것

스다치 제스트

차이브

국화

차즈기꽃

❶ 방어를 필레로 손질한다.

❷ 필레에 마리네이드 소금을 뿌려서 마리네이드한다. 반나절 뒤 수분이 배어나와 소금이 녹으면, 다시 소금을 뿌리고 뒤집는다. 총 24시간 동안 마리네이드한다.

❸ 방어를 씻어서 수분을 확실히 닦아낸다. 30분 동안 저온으로 훈제한다. 석쇠에 올려 비닐랩을 씌우지 않은 채로, 최소 3~4일 정도 냉장고에 넣어둔다.

❹ 황금순무를 슬라이스해서 끓는 물에 살짝 데친 뒤 체에 올려 물기를 뺀다.

❺ 방어를 슬라이스해서 황금순무와 번갈아 접시에 담는다. 스다치 크림(재료를 섞는다)을 붓고, 양하 피클과 와사비를 올린 뒤, 스다치 제스트를 갈아서 뿌린다. 싹눈파, 국화, 차즈기꽃을 장식한다.

송아지와 가리비

p.074-075

송아지

❶ 송아지 홍두깨살에 소금을 뿌리고 올리브오일을 묻혀, 철판에서 표면을 노릇하게 굽는다.

❷ 올리브오일, 허브(타라곤, 타임, 로즈메리)와 함께 진공포장한다. 중탕으로 58℃ 컨벡션오븐에서 40분 가열한다.

❸ 팩에 남은 국물에 달걀흰자를 넣고 가열하여 맑게 만든다. 면보로 거른다. 여기에 끓인 맛술, 시로쇼유, 아몬드오일을 적당히 넣어 간을 한다. 으깬 아몬드를 듬뿍 넣어 소스를 만든다.

가리비

❶ 가리비를 손질하고 관자를 절반 두께로 자른 뒤 세로로 2등분한다. 올리브오일로 버무려서 철판에 올려 표면을 살짝 구운 뒤, 바로 얼음물을 받친 트레이에 옮겨서 식힌다.

❷ 다진 에샬로트와 차이브, E.V.올리브오일을 넣고 버무린다.

붕장어와 푸아그라

p.076-077

사바용 에스푸마

A
- 우유 ⋯ 80g
- 맛술 ⋯ 30g
- 달걀노른자 ⋯ 6개
- 레몬즙 ⋯ 조금

파르미자노(갈기) ⋯ 5~8g

소금 적당량

B
- 생크림(35%) ⋯ 90g
- 마스카르포네 ⋯ 40g

❶ A를 저온으로 가열하면서 섞어 유화시킨다. 파르미자노와 소금을 넣고 식힌다.

❷ 다른 볼에 B를 넣어 섞는다. ①의 절반을 넣어 섞고, 완전히 섞이면 나머지를 넣는다. 체에 내린다.

❸ 에스푸마 사이펀에 넣는다.

완성

찐 고구마(작게 자르기)
양하 피클
노란 당근(슬라이스) 피클
붉은 옥살리스
아마란스 새싹
검은 후추

❶ 송아지고기를 얇게 썰어서 소금을 살짝 뿌리고, 가리비를 올려서 만든다.

❷ 찐 고구마에 소금을 뿌린다. 양하 피클, 노란 당근 피클의 수분을 제거한다.

❸ ① 3조각을 접시에 담고 ②를 올린다. 소스를 뿌린다.

❹ 사바용 에스푸마를 짜고 검은 후추를 갈아서 뿌린다. 옥살리스, 아마란스 새싹으로 장식한다.

붕장어 튀김

❶ 붕장어를 갈라서 펼치고 머리를 잘라낸다. 껍질에 뜨거운 물을 붓고 얼음물로 식힌 뒤, 표면의 점액질을 칼로 긁어낸다.

❷ 붕장어 살을 손질해서 정리한 뒤, 1~2mm 간격으로 뼈를 자른다. 1조각이 25g이 되게 자른다. 껍질쪽에 칼집을 낸다.

❸ 튀김옷(p.217)을 입혀서 튀긴다. 기름기를 제거하고 소금을 뿌린다.

푸아그라 훈제 푸알레

❶ 푸아그라를 손질해서 자른다.

❷ 훈제용 냄비에 칩을 깔고 망을 올린 뒤, ①을 얹고 뚜껑을 덮는다. 연기가 나기 시작한 다음 6분 더 익힌다. 꺼내서 랩으로 감싸고 냉장고에 넣는다.

❸ 얇고 넓적하게 잘라서 철판에 올려 푸알레한다.

셀러리악 씨겨자 조림

셀러리악(채썰기) ⋯ 500g
팽이버섯 기둥 ⋯ 100g
치킨 콩소메 ⋯ 300㎖
씨겨자 ⋯ 30g
생강(채썰기) ⋯ 30g
푸아그라 지방 ⋯ 적당량
칡전분 ⋯ 적당량

❶ 셀러리악과 팽이버섯 기둥을 올리브오일로 살짝 볶은 뒤, 콩소메를 자작하게 붓고 씨겨자와 생강을 넣어 끓인다. 소금으로 간을 하고 칡천분을 물에 풀어서 넣어 걸쭉하게 만든다.

❷ 마무리로 푸아그라 훈제에서 나온 기름을 넣어 향을 낸다.

완성

셀러리악 퓌레(p.215 셀러리악 크림 참조)
사과 알뤼메트
처빌 새싹
초피가루

셀러리악 퓌레를 가운데에 담고 붕장어 튀김을 올린다. 셀러리악 조림과 푸아그라를 겹쳐서 올린다. 사과 알뤼메트와 처빌 새싹을 올리고 초피가루를 뿌린다.

보리새우와 해가리비, 은행 튀김, 바바루아

p.078-079

새우, 조개, 꼴뚜기 포셰

❶ 보리새우에 꼬치를 꽂아 끓는 소금물에 살짝 데친다. 바로 얼음물에 담가 식힌 뒤 머리를 떼고 껍질을 벗긴다. 키친타월로 물기를 닦고 몸통을 3등분한다.

❷ 해가리비 관자를 3등분하고 같은 방법으로 살짝 데쳐서 식힌 뒤 물기를 닦는다.

❸ 화살꼴뚜기를 손질해서 3 × 4㎝ 크기로 자른 뒤 표면에 칼집을 낸다. 같은 방법으로 살짝 데쳐서 식히고 물기를 닦는다.

갑각류 바바루아

	달걀노른자 … 3개
A	맛술 … 10g
	우유 … 50g
	퐁 드 오마르 … 90g

젤라틴 … 4g
생크림(35%) … 100g

❶ A를 섞은 뒤 앙글레즈 소스를 만드는 방식으로 가열하면서 거품기로 섞는다.

❷ 젤라틴을 넣어 식힌 뒤 휘핑한 생크림을 넣어 섞는다.

완성

유자 풍미의 콩소메 줄레
은행 튀김
아마란스
차즈기꽃

❶ 새우, 조개, 오징어를 섞고 소금, E.V.올리브오일을 넣어 무친다.

❷ 보리새우 내장과 꼬리 끝부분을 섞고, E.V.올리브오일과 프렌치드레싱(p.217)으로 버무린다.

❸ 그릇에 갑각류 바바루아를 깔고 ①과 ②를 담는다. 콩소메 줄레(치킨 콩소메에 유자즙을 넣고 1% 분량의 젤라틴을 넣어 식힌 것)을 담는다. 은행 튀김과 아마란스, 차즈기꽃을 뿌린다.

왕우럭조개, 홍합, 바지락

p.080-081

왕우럭조개

❶ 왕우럭조개는 살을 떼어낸 뒤 표면에 약 1㎜ 폭으로 칼집을 내고, 한입크기로 자른다. 프라이팬 모양의 망에 올리고, 솔로 올리브오일을 바른다. 뚜껑을 덮고 장작불로 살짝 굽는다(올리브오일을 조금 떨어뜨려 연기를 내서 훈제한다).

❷ 개옥잠화를 잘라서 찐다. 프렌치드레싱(p.217)으로 무친다.

❸ 〈산마늘 거품〉 끓인 퐁 드 볼라유에 산마늘을 넣고 불을 끈 뒤, 바로 믹서기에 넣고 간다. 한김 식으면 버터를 넣고 핸드블렌더로 거품을 낸다.

❹ 제공할 때는 왕우럭조개 껍데기에 ②를 담고 ①을 올린 뒤 ③의 거품을 얹는다.

홍합

❶ 홍합 살을 빼내 장작불로 살짝 굽는다(솔로 홍합즙을 바르면서 굽는다).

❷ 얇게 썬 대파의 흰 부분을 버터로 쉬에하고, 소금과 피망 데스플레트로 간을 한다.

❸ 〈햇양파 무스〉 햇양파를 얇게 썰어서 버터로 살짝 볶고, 우유를 자작하게 부은 뒤 마스카르포네를 넣고 30분 정도 끓인다. 믹서기로 간 뒤 냄비에 옮겨서 데우고, 소금과 버터로 간을 한다. 에스푸마 사이펀에 넣는다.

❹ 제공할 때는 홍합 껍데기에 ②를 깔고 ①을 올린 뒤 ③의 무스를 짠다.

랍스터, 라디치오,
화이트 아스파라거스

p.082-083

바지락

바지락 살을 빼낸다. 타임잎과 레몬 제스트 간 것을 올려서, 얇게 썬 라르도로 만다. 제공할 때는 껍데기에 올려서 오븐에 넣고 살짝 데운다.

완성

❶ 돌이나 조개를 깐 상자에 3가지 조개 요리를 완성하여 담고 뚜껑을 덮는다.

❷ 스모크건으로 틈새를 통해 연기를 넣고, 뚜껑을 덮어 제공한다.

랍스터

❶ 랍스터 껍질 안쪽에 대나무 꼬치를 꽂아서 삶는다. 얼음물에 담갔다 빼서 껍질을 벗긴다.

❷ 감자[インカのめざめ] 슬라이스를 그대로 튀겨서, 바삭해지기 직전에 건져 종이 위에 올리고 기름기를 제거한다. 따뜻할 때 가장자리를 겹쳐서 시트처럼 늘어놓고 식힌다.

❸ ①의 랍스터 살에 흰살생선 다진 것을 끼우고 ②의 감자 시트 위에 올려서 만다. 올리브오일을 두른 철판 위에 올려 굴리면서 굽는다.

❹ 제공할 때는 트러플버터를 올리고 오븐에 넣어 데운다.

라디치오와 화이트 아스파라거스

❶ 라디치오를 1장씩 분리해 올리브오일을 묻힌 뒤 철판에서 굽는다. 프렌치드레싱 (p.217), 소금, 후추로 버무린다.

❷ 화이트 아스파라거스를 손질한 뒤 버터와 함께 진공포장하고, 찜기에서 10분 동안 찐다. 제공할 때는 길이를 반으로 잘라 소테한다.

노일리 풍미 소스

```
    ┌ 에샬로트(다지기) … 200g
    │  노일리주 … 1 ℓ
A   │  화이트 포트와인 … 200㎖
    │  고수씨(으깨기) … 30알
    └  흰 후추(으깨기) … 15알
```
생크림(35%) … 100㎖
버터, 레몬즙 … 적당량씩

❶ A를 냄비에 담고 1/10로 졸아들 때까지 끓여서 시누아로 거른다.

❷ 냄비에 옮겨서 가열하고 생크림을 넣는다. 버터로 몽테하고 레몬즙과 소금으로 간을 한다.

완성

E.V.올리브오일과 타임꽃을 뿌린다.

가리비, 스트라차텔라, 초록사과

p.084-085

가리비 푸알레

가리비에 소금을 뿌리고 2~3분 그대로 둔다. 박력분을 뿌리고 기름을 두른 철판에 올려 푸알레한다. 위아랫면에 구운 색을 내고 옆면도 굴리면서 굽는다. 오븐에 넣어 살짝 데우고, 속은 반 정도 익혀서 완성한다.

콩 샐러드

스냅완두
꼬투리강낭콩
누에콩
에샬로트(다지기)
프렌치드레싱(p.217)

❶ 3가지 콩을 각각 설탕, 소금을 넣은 끓는 물에 데치고, 얼음물에 담갔다 건져서 물기를 뺀다.
❷ ①과 에샬로트를 섞고 프렌치드레싱과 소금을 넣어 버무린다.

스냅완두 퓌레

스냅완두를 삶고, 삶은 국물, E.V.올리브오일과 함께 믹서기에 넣고 갈아서 체에 내린다.

완성

초록사과 리본
스트라차텔라 치즈 … 1큰술
캐비아(작은 럭비공모양) … 7g
처빌 새싹
딜꽃

❶ 초록사과는 심을 제거하고 껍질을 벗긴 뒤 리본처럼 얇게 돌려깎기한다. 10㎝ 정도로 잘라서 돌돌 만다.
❷ 접시에 스트라차테라를 깔고 가리비를 올린 뒤 캐비아를 얹는다.
❸ 콩 샐러드와 스냅완두 퓌레를 곁들이고, ①을 올린다. 처빌 새싹과 딜꽃으로 보기 좋게 장식한다.

연어, 빨간 피망, 노란 파프리카

p.086-087

연어 타르타르

연어
라비고트 소스
핀 제르브

❶ 연어 필레의 껍질을 벗기고 얇게 썬다. 트레이에 가지런히 올린 뒤 마리네이드 소금(소금 3 : 설탕 2)으로 6분 동안 마리네이드한다. 키친타월로 물기를 닦아낸다. 작고 네모나게 썬다.
❷ ①의 1/3을 E.V.올리브오일로 버무리고 작은 냄비에 넣어 표면을 살짝 소테한 뒤, 바로 냄비째 얼음물에 담근다. 식으면 나머지 2/3를 넣고, 라비고트 소스와 핀 제르브를 넣어 버무린다.

라비고트 소스

케이퍼(다지기) … 20g
코르니숑(다지기) … 40g
기자미와사비(절임) … 20g
겨자 … 80g
프렌치드레싱(p.217) … 110g
올리브오일 … 70g
끓인 맛술 … 30g
시로쇼유 … 40g

연어 타르타르 빨간 피망 말이

❶ 빨간 피망은 껍질이 까맣게 탈 때까지 직접 불에 굽는다. 볼에 담아 비닐랩을 씌우고 뜸을 들인 뒤 껍질을 벗긴다. 1장으로 갈라서 펼친다.
❷ 랩 위에 ①을 펼쳐놓고 타르타르를 올린다. 롤모양으로 말아서 모양을 정리한다.

문어, 토마토, 생햄, 치즈
p.088-089

노란 파프리카 퓌레

양파(얇게 썰기) … 1개
노란 파프리카(얇게 썰기) … 2개
버터 … 적당량
젤라틴 … 전체의 1.5% 분량
생크림(35%) … 전체의 10% 분량

❶ 버터를 두른 팬에 양파와 노란 파프리카를 넣고 2시간 정도 쉬에한 뒤, 믹서기로 갈아서 체에 내린다.
❷ ①의 퓌레에 젤라틴을 넣어 섞는다. 휘핑한 생크림을 넣고 자르듯이 섞는다. 소금으로 간을 한다.

노란 파프리카 소스

❶ 노란 파프리카를 착즙기에 넣고 즙을 짠다. 냄비에 담아 1/10 분량으로 졸아들 때까지 끓인다.
❷ 화이트 발사믹 식초, 레몬즙, 피망 데스플레트, 소금을 넣어 간을 한다.

방울토마토 콩포트와 줄레

❶ 방울토마토는 끓는 물에 담갔다 빼서 껍질을 벗기고 2등분한다.
❷ 작은 볼에 ①과 타임 1줄기를 넣고 토마토식초(토마토워터에 소량의 화이트 발사믹 식초와 소금을 넣은 것)를 붓는다. 볼째로 진공포장해서 3시간 동안 절인다.
❸ ②의 국물을 체에 거른 뒤, 1.5% 분량의 젤라틴을 넣고 차갑게 식혀서 부드럽게 굳힌다.

완성

수제 리코타
골든 오레가노, 네스트리움꽃
버베나

❶ 접시에 노란 파프리카 퓌레를 깔고, 연어 타르타르와 방울토마토 콩포트를 2개씩 담는다.
❷ 줄레를 담고 리코타 치즈를 올린 뒤, 노란 파프리카 소스를 두른다. 허브류를 장식한다.

문어 슬라이스와 빨판 소테

대문어
마늘(얇게 썰기)
로즈메리
우스구치 간장
레몬즙
피망 데스플레트

❶ 문어는 껍질을 벗기고 껍질에서 빨판을 1개씩 떼어낸다. 살은 최대한 얇게 슬라이스한다.
❷ 냄비에 올리브오일을 두르고 마늘을 볶다가 문어 살, 빨판, 로즈메리 1줄기를 넣어 살짝 소테한다. 냄비째 얼음물에 담가서 식힌다.
❸ 우스구치 간장, 레몬즙, 피망 데스플레트를 넣어 간을 한다.

양하 라비고트

다진 양하에 딜과 다진 차이브를 듬뿍 넣고, 라비고트 소스(p.222)로 버무린다.

완성

토마토(중간 크기) / 스트라차텔라 치즈
생햄 갈레트 / 바질꽃

❶ 토마토 가운데 부분을 두툼하게 통썰기한다.
❷ 접시에 스트라차테라를 깔고 토마토를 담은 뒤, 양하 라비고트를 올리고 문어 소테를 얹는다.
❸ 생햄 갈레트(파르마 프로슈토를 슬라이서로 최대한 얇게 썬 다음, 실리콘 시트에 올려서 건조기에 넣고 6시간 동안 말린 것)를 몇 장 꽂는다. 바질꽃으로 장식한다.

화살꼴뚜기와
노란 주키니

p.090-091

화살꼴뚜기 리소토

화살꼴뚜기 다리 … 200g
마늘 … 1쪽

A
┌ 양파(다지기) … 50g
│ 에샬로트(다지기) … 30g
│ 셀러리(다지기) … 30g
│ 생강(다지기) … 20g
└ 매운 홍고추 … 1개

꼴뚜기 먹물 … 20g
치킨 콩소메 … 200㎖
남플라 … 10㎖
레몬 제스트 콩피튀르 … 50g

❶ 화살꼴뚜기를 손질하고 몸통과 다리로
나눈다.
❷ 다리에 올리브오일을 바르고 불꽃이 이
는 장작불로 까맣게 탈 때까지 굽는다.
트레이에 옮겨 담고 얼음물을 받쳐서 식
힌다. 잘게 다진다.
❸ 올리브오일을 두르고 마늘을 볶다가, A
를 넣고 센불로 볶는다. ②를 넣고 함께
볶는다. 먹물, 콩소메, 남플라를 넣고 조
리다가, 마지막에 레몬 제스트 콩피튀르
를 넣는다.

화살꼴뚜기 장작구이

화살꼴뚜기 살에 올리브오일을 바르고
장작불로 살짝 굽는다.

레몬 제스트 콩피튀르

다진 레몬 제스트를 끓는 물에 데치고 물
을 따라낸다. 같은 과정을 2번 더 반복한
다. 냄비에 넣고 레몬즙, 설탕, 레몬향 오
일을 넣어 조린다.

노란 주키니 소테

노란 주키니
마늘

A
┌ 생강(갈기)
│ 마늘(갈기)
└ 로즈메리

노란 주키니를 돌려깎은 뒤 가늘게 채썬
다. 소금을 뿌리고 젓가락에 꽂은 마늘과
함께 올리브오일로 살짝 소테한다. 마지
막에 A를 넣고 향을 낸다.

완성

실고추
이탈리안 파슬리
라임 제스트
E.V.올리브오일
레몬 제스트 콩피튀르

❶ 접시에 화살꼴뚜기 리소토를 담고 장작
구이를 올린 뒤 노란 주키니를 담는다.
❷ 실고추와 이탈리안 파슬리를 올리고, 라
임 제스트를 갈아서 뿌린다. E.V.올리브
오일을 두른다. 레몬 제스트 콩피튀르를
곁들인다.

도도바리와 만간지고추

p.092-093

도도바리 구이

도도바리 필레를 토막 낸다. 달군 그릴팬
에 먼저 살쪽을 살짝 구운 뒤, 뒤집어서
껍질쪽을 굽는다. 껍질 밑에 있는 지방이
잘 익도록 눌러가며 굽는다. 껍질이 바삭
해지면 꺼낸다. 올리브오일을 바르고 오
븐에 구워 완성한다.

여름채소 그릴

❶ 데친 꼬투리강낭콩을 장작불로 굽는다.
❷ 만간지고추와 세로로 2등분한 오크라에
올리브오일을 발라서 그릴팬에 굽는다.
자른 가지를 올리브오일로 소테한다.
❸ ①, ②와 자른 양하를 블랙올리브 드레싱
으로 버무린다.

블랙올리브 드레싱

블랙올리브 페이스트 … 40g
양하(다지기) … 50g
케이퍼 초절임(다지기) … 20g
생강(갈기) … 20g
그린 페퍼(데치기/다지기) … 20알
피클 비네거(p.215) … 100㎖
청소엽 오일(p.216) … 50㎖

참치와 여름채소

p.094-095

만간지고추 소스

만간지고추 ··· 200g

A ┌ 우스구치 간장 ··· 10㎖
  └ 끓인 맛술 ··· 10㎖

E.V.올리브오일 ··· 적당량

❶ 만간지고추에 올리브오일을 바르고 센불로 달군 그릴팬에 올려서 굽는다.
❷ ①과 A를 믹서기로 갈고, E.V.올리브오일을 넣어 다시 간다.

완성

접시에 만간지고추 소스를 깔고 도도바리를 담는다. 여름채소를 올리고 삶은 풋콩을 곁들인다. 주키니꽃과 싹눈파로 장식한다. 청소엽 오일(p.216)을 두른다.

참다랑어 구이

참다랑어를 2인분 크기(7×3×3cm)로 자르고, 소금을 뿌린 뒤 올리브오일을 묻혀서 불꽃이 이는 장작불로 굽는다. 스모키한 향이 나도록 전체 면을 굽는다. 꺼내서 자른다.

여름채소 (텃밭의 어린 채소)

❶ 어린 우엉, 주키니, 영콘, 미니 당근을 철판에서 소테하여 소금을 뿌린다.
❷ 미니 양파를 오븐에 굽고 소금을 뿌린다.
❸ 알감자를 굽는다. 드레싱(씨겨자, 고수씨, 화이트와인 비네거를 믹서기로 섞은 것)으로 버무린다.

양파 퓌레

다진 양파를 올리브오일로 쉬에한 뒤 믹서기로 간다. 마지막에 마스카르포네를 적당히 넣는다.

양파 소스

양파 퓌레와 노일리 풍미 소스(p.221)를 1:1 비율로 섞는다.

하리사 페이스트

빨간 파프리카 ··· 6개
피리파리 도가라시* ··· 150g
마늘 ··· 2쪽
커민씨 ··· 10g
검은 후추 ··· 10g
중국 초피(화자오) ··· 5g
초피 ··· 5g
E.V.올리브오일 ··· 50g

* 중국산 고추를 튀겨서 참깨를 묻힌 뒤, 땅콩을 섞어서 만든 과자.

❶ 빨간 파프리카를 직접 불에 구워 껍질을 까맣게 태운 뒤, 푸드프로세서로 간다.
❷ 피리파리 도가라시와 마늘을 푸드프로세서로 간다.
❸ 향신료 종류를 믹서기로 간다.
❹ 모두 볼에 담고 E.V.올리브오일을 넣어 섞는다.

그린 아유

마늘을 우유에 넣고 삶아서 믹서기로 간다. 데친 바질을 넣고 다시 한 번 간다.

완성

발사믹 풍미 소스(p.217)
네스트리움
처빌 새싹

❶ 참다랑어를 접시에 담는다. 발사믹 풍미 소스, 양파 퓌레, 양파 소스를 곁들인다.
❷ 채소류를 모두 접시에 담고, 하리사 페이스트와 그린 아유를 조금 곁들인다. 허브류를 뿌린다.

털게 버터넛 스쿼시

p.098-099

털게

❶ 털게를 끓는 소금물에 삶은 뒤, 식으면 살을 빼낸다. 내장은 따로 보관해둔다.

❷ 게살에 다진 에샬로트를 넣고 비네그레트 소스와 가구라난반 풍미 아이올리로 버무린다.

비네그레트 소스

양파 … 1개
디종 머스터드 … 20g
화이트와인 비네거 … 180㎖
퓨어 올리브오일 … 750㎖

❶ 올리브오일 외의 재료를 믹서기에 넣고 간다.

❷ ①에 올리브오일을 넣고 유화시킨다. 소금과 후추로 간을 한다.

가구라난반 풍미 아이올리

가구라난반 파우더(수제)
아이올리(달걀노른자, 마늘, 올리브오일)

아이올리를 만들고 가구라난반 파우더(밭에서 완전히 익힌 가구라난반의 씨를 제거한 뒤 말려서 간 것)를 적당히 넣는다.

버터넛 스쿼시 퓌레

에샬로트(다지기) … 2개
버터넛 스쿼시(얇게 썰기) … 1개
버터 … 적당량

❶ 에샬로트를 버터로 쉬에한 뒤 버터넛 스쿼시를 넣고 살짝 볶는다. 잠길 정도로 물을 붓고 끓인다. 소금으로 간을 한다.

❷ 믹서기로 갈아서 퓌레를 만든 뒤 체에 내린다.

아메리칸 소스 에스푸마

A ┌ 에샬로트(얇게 썰기) … 100g
　│ 노일리주 … 300㎖
　└ 화이트와인 … 200㎖
달걀노른자 … 6개
정제 버터 … 150g
퐁 드 아메리칸*을 졸인 것 … 150g

* 털게 껍데기를 오븐에 넣고 구운 뒤 따로 볶은 미르푸아(당근, 양파, 셀러리)를 섞고, 브랜디, 화이트와인, 2번째 우린 지비에 콩소메를 넣어서 끓인다. 체에 거른다.

❶ A를 모두 섞어서 끓인다. 달걀노른자를 넣고 약불로 섞으면서 끓인다. 정제 버터를 조금씩 넣고 유화시킨다.

❷ ①에 졸인 퐁 드 아메리칸을 넣는다. 소금으로 간을 한다. 에스푸마 사이펀에 담는다.

완성

털게 내장을 중탕으로 데운 뒤 그릇에 담고, 털게 무침을 올린다. 버터넛 스쿼시 퓌레를 얹고 아메리칸 에스푸마를 짠다. 연어알, 고시히카리 퍼프, 네스트리움, 레드 소렐, 레드 오라크 새싹을 뿌린다.

화살꼴뚜기 타르타르

p.100-101

화살꼴뚜기와 금귤 타르타르

화살꼴뚜기 … 100g
다시마
청주 … 적당량

A ┌ 금귤 콤포트(시럽조림/다지기) … 20g
　│ 에샬로트(다지기) … 20g
　└ 비네그레트 소스(왼쪽 레시피 참조)
　　… 30g

❶ 화살꼴뚜기는 손질해서 지느러미와 다리를 잘라내고 소금을 뿌린 뒤, 청주로 닦은 다시마 사이에 끼워 15분 정도 절인다.

❷ 올리브오일을 바르고 돌 가마(약 400~450℃)에 넣어 양면을 약 10초씩 굽는다.

❸ 작고 네모나게 썬다.

❹ ③과 A를 버무린다.

완성

❶ 네스트리움잎에 원형틀을 올리고 타르타르를 채운다.

❷ 가구라난반 풍미 아이올리와 졸인 간장을 각각 점점이 짠다. 흑미 퍼프를 뿌린다. 차이브를 다져서 표면을 덮고, 네스트리움꽃을 작게 잘라서 올린다.

❸ 얼음을 채운 접시에 ①을 올리고 틀을 제거한 뒤, 네스트리움잎에 소금물을 분사한다.

사도 굴 아이스크림

p.102-103

굴 아이스크림

찐 굴(10~12개)과 쥐 … 총 300g
우유(건지 젖소) … 25g
생크림(42%) … 150g
트리몰린 … 30g
소금 … 적당량

❶ 굴을 껍데기째로 15분 정도 찐다. 껍데기에서 살을 빼내고 쥐는 체에 거른다.
❷ 냄비에 우유, 생크림, 찐 굴과 쥐를 넣고 한소끔 끓인다. 믹서기로 갈아서 시누아에 내린다. 소금과 트리몰린을 넣고 아이스크림 머신으로 아이스크림을 만든다.
❸ 아이스크림을 굴 껍데기에 담아 냉동실에 넣는다.

완성

다시마 파우더 … 적당량
셀러리 파우더 … 적당량
화이트 발사믹에 절인 타피오카
알리숨

❶ 굴 아이스크림 표면에 다시마 파우더와 셀러리 파우더(셀러리를 말려서 간 것)를 뿌린다.
❷ 타피오카(데쳐서 화이트 발사믹 비네거에 절인 것)와 알리숨을 뿌린다. 접시에 보기 좋게 담는다.

아귀 프로마주 드 테트

p.104-105

아귀 프로마주 드 테트

아귀 … 1마리
화이트와인 … 200㎖
아귀 쥐 … 적당량
지비에 콩소메 … 아귀 쥐와 같은 양
가룸(안초비 액젓)* … 50㎖
젤라틴 … 전체 액체의 약 4% 분량

* 멸치액젓으로 대체 가능.

❶ 아귀는 껍질을 벗기고 내장을 꺼낸 뒤 필레로 손질한다. 아가미와 창자는 제거한다. 필레는 종이로 싸서 물기를 뺀다.
❷ 껍질에 소금을 뿌려 잘 주무른 뒤 물로 씻는다.
❸ 창자를 제외한 나머지 내장, 껍질, 필레를 각각 트레이에 가지런히 놓고, 소금과 화이트와인을 뿌려 스팀컨벡션 오븐으로 20~30분 찐다. 식혀서 간은 비스크용으로 일부 보관하고, 나머지는 네모나게 썬다.
❹ 뼈와 자투리살은 다른 트레이에 올려서 같은 방법으로 찐다. 트레이에 남아 있는 쥐를 체에 걸러 냄비에 담는다. ❸에서 나온 쥐도 넣는다. 지비에 콩소메와 가룸을 넣고 끓인 뒤, 물에 불린 젤라틴을 넣는다.
❺ ❸의 살, 내장, 껍질을 사각틀에 골고루 담고 ❹를 부은 뒤 차갑게 식혀서 굳힌다.

아귀 간 비스크

아귀 간(찐 것) … 70g
우유 … 50㎖
생크림(42%) … 30㎖
퐁 드 아메리칸(p.226 아메리칸 소스 에스푸마 참조) … 100g

❶ 아귀 간, 우유, 생크림을 섞어서 끓인다.
❷ 새우 종류의 머리와 껍질을 베이스로 만든 퐁 드 아메리칸을 넣고, 소금으로 간을 한다. 핸드 블렌더로 거품을 낸다.

머위 꽃줄기 라비고트

완숙 달걀(다지기) … 2개
머위 꽃줄기 피클(다지기) … 15g
자연산 크레송(다지기) … 10g
에샬로트(다지기) … 1개
우오누마[魚沼]산 겨자씨 머스터드 … 15g
비네그레트 소스(p.226) … 70㎖
E.V.올리브오일 … 30㎖

재료를 섞는다.

머위 꽃줄기 피클

머위 꽃줄기를 삶아서 소금에 절인(2~3주) 뒤, 화이트와인 비네거로 다시 절인다.

개다래 피클

개다래 열매를 데쳐서 소금에 절이고(2~3주), 화이트와인 비네거로 다시 절인다.

완성

❶ 아귀 프로마주 드 테트를 자르고, 윗면에 E.V. 올리브오일을 발라서 다진 차이브를 묻힌다.
❷ 자른 면이 위로 오도록 접시에 담는다. 머위 꽃줄기 라비고트, 흑마늘 퓌레(흑마늘을 믹서기로 간 것), 개다래 피클을 곁들인다.
❸ 아귀 간 비스크를 따로 곁들인다.

사도 모란새우 돌가마구이, 번 크림

p.106-107

모란새우 돌가마구이

모란새우
지비에 콩소메 2차
A ┌ 셰리주
  └ 레몬그라스 / 카피르 라임 잎
마늘 오일

❶ 2번째 우려낸 지비에 콩소메에 A를 넣고 모란새우를 담가서 1~2시간 정도 마리네이드한다.
❷ 물기를 닦는다. 마늘 오일을 바르고 석쇠에 올려 돌가마에 넣는다. 중간에 뒤집어서 각 면을 20초 정도씩 굽는다.

번 크림

생크림(42%) … 300㎖
셰리비네거 … 50㎖

❶ 장작을 돌가마에서 구워서 생크림에 넣는다. 냉장고에 하룻밤 넣어둔다.
❷ 체에 거른 뒤 셰리비네거를 넣는다. 거품기로 휘핑하고 소금으로 간을 한다.

모란새우 아메리칸 소스

모란새우의 머리와 껍질을 구운 뒤, 따로 볶은 향미채소를 섞어서 브랜디로 블랑베한다. 화이트와인, 토마토, 2번째 우려낸 지비에 콩소메를 넣고 끓인다. 체에 걸러서 알맞은 농도로 졸인다. 간을 한다.

완성

번 크림을 럭비공모양으로 만들어 접시에 담고, 모란새우 아메리칸 소스를 곁들인다. 모란새우 돌가마구이를 담는다.

사도 명주매물고둥, 자연산 땅두릅

p.108-109

명주매물고둥

명주매물고둥 … 3kg
청주 … 300㎖
지비에 콩소메 2차 … 1ℓ
다시마 육수 … 1ℓ
양파(2등분) … 2개
생강(도톰하게 썰기) … 1덩어리

❶ 명주매물고둥을 씻어서 냄비에 담는다. 청주를 붓고 뚜껑을 덮어 가열한다.
❷ 알코올이 날아가면 2번째 우린 지비에 콩소메와 다시마 육수를 넣는다. 양파와 생강을 넣고 끓으면 거품을 걷어낸 뒤, 불을 약하게 줄여서 끓지 않는 상태로 2~3시간 동안 가열한다. 불을 끄고 그대로 식힌다.
❸ 명주매물고둥을 건져내고 삶은 국물은 체에 거른다. 껍데기에서 살을 빼내 국물에 담가둔다.

부르기뇽 버터(안초비 풍미)

버터 … 1350g
안초비 … 250g
파슬리 … 1팩
타라곤 … 1팩
차이브 … 1팩
에샬로트 … 500g
빵가루 … 150g
아몬드가루 … 100g

❶ 모든 재료를 푸드프로세서로 간다.
❷ 랩으로 싸서 원통모양으로 정리한 뒤, 양쪽 끝을 묶는다. 냉장고에 넣고 차갑게 식혀서 굳힌다.

명주매물고둥과 두릅 부르기뇽(1인분)

삶은 명주매물고둥 … 1개
자연산 땅두릅(네모나게 썰기) … 50g
자연산 땅두릅(슬라이스) … 적당량
부르기뇽 버터 … 30g / 차이브꽃 … 적당량
감귤 풍미 뵈르 블랑 소스 … 20㎖

❶ 고둥 살을 1.5㎝ 폭으로 자른다. 고둥 끝부분은 제거한다.
❷ 두릅 윗부분의 껍질을 벗기고, 1.5㎝ 크기로 네모나게 썬다.
❸ 슬라이서로 두릅을 최대한 얇게 썬 뒤, 살짝 데쳐서 얼음물에 담근다. 종이로 물기를 닦고 1장씩 가장자리를 겹쳐서 시트처럼 만든다. 원형틀로 찍어낸다.
❹ 달군 프라이팬에 ①과 ②를 넣고 볶다가 안초비 풍미의 부르기뇽 버터를 넣은 뒤, 불을 약하게 줄이고 섞는다.
❺ 접시에 원형틀을 놓고 ④를 채운 뒤 감귤 풍미 뵈르 블랑 소스(일반 뵈르 블랑 소스에 칼라만시 비네거를 더한 것)를 데워서 뿌린다.
❻ 틀을 제거하고 ③을 올린 뒤 차이브꽃으로 장식한다.

명주매물고둥 포타주

명주매물고둥 국물을 조린 것 … 20㎖
생크림(42%) … 100㎖
우유(건지 젖소) … 30㎖

❶ 생크림과 우유를 데우고 조린 명주매물고둥 국물을 넣는다. 간을 맞추고 핸드블렌더로 거품을 낸다.
❷ 고둥 껍데기에 붓고 소금을 깐 그릇 위에 올린다. 따로 곁들인다.

산천어와 염소젖 세르벨 드 카뉘

p.110-111

산천어 마리네이드

❶ 살아있는 산천어를 잡아서 신케지메한다. 내장과 알을 꺼내고 3장뜨기한다.
❷ 살을 얇게 썰고 소금과 설탕을 뿌려서 10분 정도 둔다. 다진 펜넬과 E.V.올리브 오일을 뿌려서 20~30분 마리네 한다.
❸ 제공할 때는 침엽수의 잔가지에 꽂는다.

염소젖 세르벨 드 카뉘

염소젖 요구르트 ⋯ 300g

A ┌ 펜넬잎(다지기) ⋯ 조금
  │ 차이브(다지기) ⋯ 조금
  └ 칼라만시 비네거 ⋯ 20㎖

허브 오일 ⋯ 적당량
보리지*
알리숨
마리골드

★ Borage, 식용꽃.

❶ 요구르트를 거즈로 싸서 하룻밤 체에 올려두고, 물기를 제거한다.
❷ ①에 A를 넣고 섞는다.
❸ 제공할 때는 럭비공모양으로 만들어 접시에 담은 뒤, 윗면을 움푹하게 눌러서 허브 오일을 뿌린다. 보리지, 알리숨, 마리골드 등으로 장식한다.

허브 오일

❶ 밭에서 딴 허브(파슬리, 차이브, 펜넬, 타임, 딜 등)를 생참기름과 함께 믹서기에 넣고 간다.
❷ 진공포장하고 며칠 뒤 체에 내린다.

산천어 캐비아

산천어 알을 3% 소금물에 절인다.

블리니(3장 분량)

메밀가루 ⋯ 70g
박력분 ⋯ 30g
베이킹파우더 ⋯ 3g
달걀 ⋯ 1개
우유 ⋯ 60㎖
소금 ⋯ 3g

❶ 재료를 섞어서 반나절 정도 둔다.
❷ 달군 크레페용 팬에 반죽을 부어 블리니를 굽는다.

뱅어, 고수, 사도 귤

p.112-113

요리방법

뱅어 ⋯ 50g
마늘 오일 ⋯ 조금
고수 제노베제 ⋯ 20g
  ┌ 고수잎 ⋯ 50g
  │ 구운 아몬드(슬라이스) ⋯ 15g
  └ E.V.올리브오일 ⋯ 100㎖
사도 귤 껍질 파우더 ⋯ 조금
발효 가구라난반 파우더 ⋯ 조금
고수꽃

❶ 뱅어에 소금을 뿌리고 마늘 오일을 뿌린 뒤, 돌가마에서 10초 정도 익힌다. 고수 제노베제(재료를 믹서기로 간다)를 넣고 버무린다.
❷ 접시에 담고 사도 귤 껍질 파우더, 발효 가구라난반 파우더를 듬뿍 뿌린다. 고수꽃으로 장식한다.

사도 귤 껍질 파우더

사도 귤의 껍질을 건조기로 말린다. 분쇄기로 간다.

발효 가구라난반 파우더

❶ 밭에서 빨갛게 완숙시킨 가구라난반의 씨를 제거한 뒤, 2.5% 분량의 소금을 넣어 진공포장하고 상온에서 1주일 동안 발효시킨다.
❷ ①을 체에 걸러서 열매와 액체로 나눈다.
❸ 열매를 건조시켜 분쇄기로 간다.

홍송어와 산채 갈레트

p.114-115

홍송어 가바야키

홍송어
지비에 콩소메
태운 버터
칼라만시 비네거

❶ 지비에 콩소메를 졸인 뒤 태운 버터를 넣
   는다. 칼라만시 비네거를 1바퀴 두른다.
❷ 홍송어는 내장을 제거한 뒤, 소금을 뿌리
   고 박력분을 묻혀서 튀긴다. 뼈째로 먹을
   수 있게 완전히 익힌다.
❸ ②에 ①의 양념을 바르고 샐러맨더로 굽
   는다(중간에 뒤집어서 반대쪽 면도 굽는
   다). 꺼내서 다시 양념을 바르고 굽는 과
   정을 반복하여 「가바야키」를 만든다.

메밀가루 갈레트

메밀가루 … 250g
달걀 … 4개
우유 … 500㎖
정제 버터 … 50g

❶ 재료를 섞어서 반나절 동안 재운다.
❷ 달군 크레페용 팬에 반죽을 얇게 부어 굽
   는다. 큰 원형틀로 찍는다.

고추냉이잎 피클

고추냉이잎
    ┌ 쌀식초 … 150㎖
    │ 간장 … 100㎖
A │ 청주 … 150㎖
    └ 맛술 … 300㎖

❶ A를 섞는다.
❷ 고추냉이잎을 80℃ 물로 데친 뒤, 바로
   얼음물에 담가 식힌다. 건져서 물기를 제
   거하고 ①에 담가 절인다.

초피 풍미 아이올리

달걀노른자 … 1개
퓨어 올리브오일 … 150~180㎖
초피 어린잎(다지기) … 20g
소금 … 조금

달걀노른자와 올리브오일을 섞어서 유화
시킨 뒤, 나머지 재료를 넣는다.

완성

곰 라르도(소금에 절인 것)
미나리잎 샐러드(비네그레트 소스로 버무린다)
개다래 피클(p.227)
메밀 퍼프
뎃카미소

메밀가루 갈레트 위에 고추냉이잎 피클
을 올리고 홍송어 가바야키를 올린다. 곰
라르도를 최대한 얇게 슬라이스해서 홍
송어 위에 올리고, 나머지 재료를 얹는
다. 초피 풍미 아이올리를 곁들인다.

산채와 참돔 바푀르

p.116-117

요리방법 (1인분)

참돔 … 70~80g
산채* … 적당량씩
머위 꽃줄기 피클(p.227 / 다지기) … 10g
야생 산파(작게 자르기) … 조금
참돔 퓌메 소스

＊파드득나물, 시도케, 개옥잠화, 청나래고사리
어린잎.

❶ 참돔을 3장뜨기해서 껍질을 벗긴다. 필
   레를 1.5㎝ 폭으로 잘라 소금을 뿌리고,
   버터를 바른 원형틀에 넣는다. 표면에 버
   터를 바르고 75℃ 스팀컨벡션 오븐에서
   13분 가열한다.
❷ 산채를 각각 소금과 E.V.올리브오일을
   넣고 끓인 물에 데친 뒤, 얼음물에 담갔
   다 빼서 바로 물기를 뺀다. 청나래고사리
   는 두께를 반으로 자른다.
❸ ①의 참돔 위에 머위 꽃줄기 피클과 산파
   를 올린다.
❹ 접시에 파드득나물을 놓고 ③을 올린 뒤
   원형틀을 제거한다. 나머지 산채를 올리
   고 참돔 퓌메 소스를 뿌린다.

참돔 퓌메 소스

참돔 퓌메 … 100㎖ / 참돔 뼈 … 1마리 분량
양파(얇게 썰기) … 1개
다시마, 청주, 물 … 적당량씩
생크림(42%) … 200㎖ / 버터 … 적당량

❶ 참돔 뼈와 양파, 다시마, 청주, 물을 냄비
   에 넣고 30~40분 끓인다. 체에 거른다.
❷ 퓌메를 살짝 졸인 뒤 생크림을 넣고 소금
   으로 간을 한다. 제공하기 직전에 핸드
   블렌더로 거품을 낸다.

참치 트리파 브로셰트

p.118-119

요리방법(1인분)

참다랑어 위장 … 80g
부르기뇽 버터 … 30g
생강 슬라이스, 청주 … 적당량씩
고수꽃

❶ 참다랑어(30~40㎏)의 위를 소금으로 주물러서 물로 씻는다.
❷ 가장자리의 단단한 부분을 잘라내고 트레이에 올린다. 소금, 생강 슬라이스, 청주를 뿌린다. 트레이에 비닐랩을 씌우고 100℃ 스팀컨벡션 오븐에 넣어, 1시간~1시간 반 동안 찐다. 약 3㎝ 폭으로 자른다.
❸ 부르기뇽 버터(생햄 풍미)를 냄비에 녹이고 ②를 넣어 데우면서 섞는다.
❹ 참치 뼈에 꽂아서 접시에 담는다. 고수꽃을 올린다.

부르기뇽 버터 (생햄 풍미)

버터 … 1350g
생햄(프로슈토) … 150g
파슬리 … 1팩
타라곤 … 1팩
차이브 … 1팩
에샬로트 … 500g
빵가루 … 150g
아몬드가루 … 100g

❶ 모든 재료를 푸드프로세서에 넣고 간다.
❷ 랩으로 싸서 원통모양으로 만든 뒤, 양쪽 끝을 묶는다. 냉장고에 넣고 차갑게 식혀서 굳힌다.

은어 비스크

p.120-121

은어 비스크

은어 … 12마리
주니퍼베리 파우더 … 적당량
양파 … 1개
마늘 … 2쪽
푸아그라 … 150g
레드와인 … 150㎖
주니퍼베리 … 10알
지비에 콩소메 2차 … 1.5ℓ
〈마무리용〉 생크림(42%), 우유

❶ 은어를 씻어서 통째로 소금과 주니퍼베리 파우더를 뿌려 마리네이드한다.
❷ 샐러맨더로 양면을 굽는다.
❸ 양파와 마늘을 올리브오일로 쉬에한다. 여기에 ①, 푸아그라, 레드와인, 주니퍼베리를 넣는다. 알코올이 날아가면 2번째 우린 지비에 콩소메를 붓고, 뚜껑을 덮어 오븐에서 2시간 정도 끓인다.
❹ 푸드프로세서로 갈아서 체에 내린다.
❺ 제공할 때는 ④ 100g당 생크림 50㎖와 우유 100㎖를 섞어서 데운 뒤, 소금으로 간을 하고 블렌더로 거품을 낸다.

말린 은어 구이

❶ 은어 머리를 짓누르고, 살을 갈라서 펼친다. 3% 소금물에 15분 정도 담근 뒤, 하룻밤 말린다.
❷ 돌가마에 넣고 굽는다.

완성

❶ 그릇에 비스크를 담고 스파이스 미소(숙성 미소된장, 졸인 발사믹, 사탕수수설탕을 섞은 뒤, 갓 갈아낸 정향, 검은 후추, 카르다몸을 넣은 것)로 버무린 메밀 퍼프를 위에 띄운다.
❷ 말린 은어 구이 위에 스파이스 미소를 짜고 톱풀꽃과 초피잎을 얹어, 비스크 그릇 가장자리에 올린다.

바위굴, 유바

p.122-123

바위굴 포셰

바위굴 ⋯ 1개
다시마 육수 ⋯ 300㎖

❶ 바위굴 껍데기를 열고 굴을 꺼내서 살짝 씻는다.
❷ 다시마 육수를 57~60℃로 데우고, 온도를 유지하면서 ①을 넣어 7분 동안 가열한다.
❸ 냄비째 얼음물에 담가 식힌다.

다시마 육수

다시마 ⋯ 20g
약숫물 ⋯ 1ℓ

다시마를 약숫물에 넣고, 75℃로 1시간 동안 끓인다.

파래 콩소메 줄레

지비에 콩소메 줄레 ⋯ 200g
파래 ⋯ 10g
가룸 ⋯ 조금

재료를 섞는다.

완성

굴 껍데기에 생유바를 담는다. 바위굴 포셰를 종이로 감싸 물기를 닦은 뒤, 유바 위에 올린다. 파래 콩소메 줄레를 얹는다. 네스트리움 잎과 꽃으로 장식한다.

북쪽분홍새우, 다시마, 옥살리스, 고시히카리 샐러드

p.124-125

북쪽분홍새우 마리네이드

❶ 북쪽분홍새우 껍질을 벗기고, 청주로 닦은 다시마 사이에 끼운 뒤, 1시간~1시간 반 정도 절인다.
❷ 카피르 라임 잎 오일을 뿌려 살짝 마리네이드한다.

고시히카리 샐러드

쌀(고시히카리) ⋯ 50g
루이유 ⋯ 조금
비네그레트 소스(p.226) ⋯ 적당량
차이브(다지기) ⋯ 조금

❶ 쌀을 속까지 완전히 익도록 삶은 뒤, 물기를 제거한다.
❷ 나머지 재료를 넣고 버무린다.

북쪽분홍새우 콩소메 시트

북쪽분홍새우 콩소메 ⋯ 500㎖
젤라틴 ⋯ 25g

❶ 〈북쪽분홍새우 콩소메〉 새우 머리와 껍질을 오븐에 넣고 굽는다. 향미채소와 화이트와인, 브랜디, 토마토, 2번째 우린 지비에 콩소메를 넣어서 끓인다. 체로 거르고 달걀흰자로 맑게 만든다.
❷ ①에 불린 젤라틴을 넣어서 끓인 뒤, 트레이 위에 2~3㎜ 두께로 붓는다. 식혀서 굳힌다.

완성

❶ 콩소메 시트를 원형틀로 찍어서 접시에 담고, 고시히카리 샐러드를 채운 뒤 북쪽분홍새우 마리네이드를 올린다.
❷ 틀을 제거하고 허브 오일(p.229)을 뿌린다. 옥살리스로 장식한다.

창꼴뚜기 돌가마구이,
완두 프랑세즈

p.126-127

창꼴뚜기 돌가마구이

❶ 창꼴뚜기를 손질한다. 몸통 바깥쪽에 칼
집을 촘촘히 낸다. 뒤집어서 소금을 뿌리
고 10분 정도 냉장고에 넣어둔다.

❷ 칼집이 위로 오게 석쇠에 올리고, 돌가마
에 넣어 10초 정도 굽는다.

❸ 칼집과 직각으로 곱게 채썬다. 펜넬씨와
E.V.올리브오일로 버무린다.

완두 퓌레 소스

완두 … 150g
에샬로트(다지기) … 1개
버터 … 적당량
지비에 콩소메 1차 … 250㎖
우유 … 적당량
완두(마무리용 / 소금물에 데치기)

❶ 완두를 소금물에 데쳐서 체로 건진다.

❷ 에샬로트를 버터로 쉬에한다. ①, 지비에
콩소메, 적당량의 물을 넣고 살짝 끓인다.

❸ 믹서기로 갈아서 체에 내린다. 얼음을 받
친 볼에 담고 저어서 급랭한다.

❹ 제공할 때는 퓌레(1인분 약 50g)를 냄비
에 담고, 적당량의 우유를 섞어서 데운
다. 따로 데친 완두를 넣는다. 소금으로
간을 한다.

완성

접시에 꼴뚜기를 담고 완두 퓌레 소스를
올린다. 셀러리 새싹으로 장식한다. 발효
가구라난반 파우더(p.229)와 시카부시
간 것을 뿌린다.

광어 돌가마구이,
발효 토마토,
머위 꽃줄기 피클

p.128-129

광어 돌가마구이

❶ 손질한 광어를 폭 5㎝ 정도로 토막 낸다.
등뼈를 피해서 반으로 가른다. 소금을 뿌
리고 1시간 정도 둔다.

❷ 올리브오일을 묻힌 뒤 석쇠에 올려 돌가
마에 넣고, 130~150℃에서 굽는다(약 5
분). 마지막에 350℃로 옮겨서 20~30
초 구워 마무리한다.

❸ 껍질을 벗기고 뼈에서 살을 발라낸다.

발효 토마토 크림소스

발효 토마토 즙 … 50㎖
생크림(42%) … 250㎖
머위 꽃줄기 피클(p.227) … 30g

❶ 〈발효 토마토 즙〉 토마토를 자르고, 무게
의 2.5% 분량의 소금을 묻혀서 진공포
장한다. 상온에서 1주일 동안 발효시킨
다. 과육과 액체를 나눠서 보관한다.

❷ 생크림과 ①의 액체를 섞어서 불에 올린
뒤 머위 꽃줄기 피클을 다져서 넣는다.
알맞게 졸이고(산의 영향으로 걸쭉해진
다), 소금으로 간을 한다.

우엉과 블랙올리브 퓌레

우엉(얇게 썰기) … 200g
에샬로트(다지기) … 1/2개
다시마 육수(p.232) … 250㎖
블랙올리브 … 6개

에샬로트를 쉬에하고 우엉을 넣어 볶은
뒤, 다시마 육수를 넣어서 끓인다. 블랙
올리브 과육과 함께 믹서기로 간다.

완성

❶ 접시에 광어를 담고 허브 오일(p.229)을
주위에 둘러준다.

❷ 올리브오일을 두르고 구운 펜넬, 우엉과
블랙올리브 퓌레를 곁들인다.

❸ 생선 위에 소스를 끼얹는다.

사도 전복 시베

p.130-131

전복 밑손질

전복
다시마
지비에 콩소메 2차
화이트와인
가룸

❶ 전복을 수세미로 씻는다.
❷ ①과 다시마를 진공팩에 넣는다. 2번째 우린 지비에 콩소메에 화이트와인과 가룸을 넣고 함께 진공포장한다. 90℃ 스팀컨벡션 오븐에서 4~5시간 가열한다.
❸ 상온으로 식으면 진공포장을 열어 전복 껍데기에서 살을 빼내고, 외투막과 간을 잘라서 분리한다.

시베 베이스

전복 간(찌듯이 끓인 것) … 300g
에샬로트(얇게 썰기) … 100g
흑마늘 … 150g
레드와인 … 200㎖
아카미소 … 50g
전복찜 국물 … 300㎖
버터 … 50g

❶ 에샬로트를 버터로 쉬에한다. 전복 간과 흑마늘을 넣고 살짝 볶은 뒤, 레드와인을 넣는다. 알코올이 날아가면 아카미소와 전복찜 국물을 넣어 섞는다.
❷ 믹서기로 갈아서 퓌레를 만든 뒤 체에 내린다.

전복 시베 소스

시베 베이스 … 100g
레드와인 소스 … 100g
버터 … 50g

❶ 제공할 때는 레드와인 소스(다진 에샬로트와 레드와인을 섞어서 끓인 뒤, 퐁 드 지비에를 넣어서 졸인 것)에 시베 베이스를 넣고 끓여서 졸인다.
❷ 버터로 몽테하고 소금으로 간을 한다.

완성

❶ 달군 프라이팬에 버터와 올리브오일을 두르고 찐 전복의 한쪽 면을 구운(약 1분 30초) 뒤, 뒤집어서 20~30초 굽는다. 종이 위에 올려서 기름기를 제거하고 반으로 자른다. 냄비에 소스를 넣어 데우고, 구운 전복을 넣어서 버무린다.
❷ ①을 접시에 담고 백합뿌리 로스트(백합뿌리를 버터로 고소하게 굽는다), 백합뿌리 퓌레(백합뿌리를 버터로 소테한 뒤 적당량의 물과 소금을 넣고 믹서기로 간다)를 곁들인다.

이리와 오징어 먹물

p.134-135

이리

❶ 대구 이리를 손질하고 핏물을 제거한다. 볼에 얼음물과 함께 넣고 흐르는 물 밑에 둔다. 건져서 물기를 제거한다.

❷ 다시마 육수와 함께 진공포장하고, 68℃ 물에 넣어 10분 동안 가열한다.

루이유

❶ 삶은 감자, 마늘, 약간의 빵, 적당량의 생선 수프, 소금을 믹서기에 넣고 갈아서 묽은 퓌레를 만든다.

❷ ①과 달걀노른자를 1:2 비율로 섞은 뒤, 올리브오일을 넣어 유화시킨다.

완성

아파레유

　　다시마 육수 … 20㎖
　　달걀노른자 … 1개
　　생크림(38%) … 10㎖
　└ 먹물 소스(오른쪽 「이카메시」참조)
　　　… 10㎖
온센타마고 노른자 … 1/4개
타르틀레트 … 1개
드라이 토마토(오일절임/작게 네모썰기)
차이브(작게 썰기)

❶ 아파레유 재료를 섞어서 소금으로 간을 한다.

❷ 타르틀레트에 온센타마고 노른자를 올리고 소금을 뿌린다. 이리를 얹고 ①을 붓는다. 드라이 토마토를 올리고 샐러맨더로 1~2분 가열한다.

❸ 루이유를 짜고 차이브를 뿌린다.

훈제 정어리

p.136-137

정어리 밑손질

정어리를 3장뜨기하고 배뼈와 지아이를 제거한다. 살에 소금물을 분사하고 랩을 씌워 15분 정도 둔다. 종이로 물기를 닦고 진공팩에 넣는다. 열기 직전 온도에서 5일 이상 그대로 둔다.

구운 대파 크림

❶ 대파 4줄을 굽는다. 랩으로 감싸고 쪄서 속까지 부드럽게 만든다.

❷ ①에 졸인 퐁 드 볼라유 30~40㎖를 넣고 믹서로 갈아서 내린다.

❸ 생크림(38%) 30~40㎖, 소금, 대나무숯 가루를 적당량씩 넣는다.

생강 단촛물절임

❶ 다진 생강을 데친 뒤 시럽(물 3 : 설탕 1)에 넣어 천천히 끓인다.

❷ 화이트와인 비네거를 넣고 절인다.

김맛 쌀칩

흰죽 500g에 김 50g(비벼서 풀어준다)을 섞어서 오븐시트 위에 편 다음, 55℃ 건조기에서 2일 동안 건조시킨다. 적당한 크기로 쪼개서 210℃ 기름에 튀긴다.

완성

❶ 정어리 껍질을 벗기고 잘라서 손질한다. 정어리 위에 생강 단촛물절임과 다진 차이브를 올린다. 구운 대파 크림을 점점이 짠다. 김맛 쌀칩 위에 얹는다.

❷ 포도가지를 깐 접시에 담고 유리 뚜껑을 씌운다. 틈새를 통해 스모크건으로 연기를 넣는다.

이카메시

p.138-139

화살꼴뚜기 밑손질

작은 화살꼴뚜기를 손질한다. 지느러미와 다리는 콩소메에 사용한다. 몸통은 진공포장하여 1주일 동안 냉동한다.

꼴뚜기 콩소메

❶ 꼴뚜기 지느러미와 다리를 오븐에 굽고, 셀러리, 달걀흰자와 함께 믹서기에 넣고 간다.

❷ 퓌메 드 푸아송에 ①을 넣고 30~40분 정도 끓인다. 위쪽의 맑은 액체를 종이로 거른다.

먹물 소스

A┌ 에샬로트(다지기) … 2개
　└ 매운 홍고추(씨 제거) … 1개
꼴뚜기 먹물 … 3마리 분량
B┌ 노일리주 … 100㎖
　└ 페르노주 … 80㎖
꼴뚜기 콩소메 … 300㎖

올리브오일을 두르고 A를 볶은 뒤, 먹물과 B를 넣는다. 알코올이 날아가면 콩소메를 넣고 살짝 졸인다.

다음 페이지에 이어서 ◗

도다리와 카레

p.140-141

게와 아미노산

p.142-143

완성

A ⌈ 꼴뚜기 콩소메 ··· 100㎖
  │ 먹물 소스 ··· 30㎖
  └ 삶은 흑미 ··· 50g

B ⌈ 화이트와인 비네거 ··· 1작은술
  └ 드라이 토마토(오일절임) ··· 조금

찹쌀가루 ··· 적당량

C ⌈ 라임 과육(작게 네모썰기)
  │ 드라이 토마토(작게 네모썰기)
  └ 차이브(잘게 썰기)

❶ A를 냄비에 넣고 끓인다. 식혀서 B를 넣고 섞는다.

❷ 해동한 작은 화살꼴뚜기 속에 ①을 채워 넣고, 이쑤시개를 꽂아 고정시킨다. 찹쌀가루를 얇게 묻혀서 튀긴다.

❸ 접시에 담고 C를 올린다.

도다리

❶ 도다리는 5장뜨기한 뒤 소금을 뿌려서 15분 정도 둔다. 물로 씻어서 물기를 제거하고 진공포장한 뒤, 얼기 직전 온도에서 3~4일 숙성시킨다.

❷ 뼈는 기름에 튀겨서 건조제를 넣은 용기에 담아 보관한다.

메밀가루 튀일

❶ 메밀가루 갈레트(크레페) 반죽을 달걀말이 팬에 부어 굽는다.

❷ 7×5㎝ 정도로 자른다. 원통모양 용기 위에 씌우고, 건조기로 바삭해질 때까지 말린다.

타르타르소스

에샬로트(곱게 다지기)
케이퍼 초절임(곱게 다지기)
차이브(다지기)
마요네즈 / 레몬즙

완성

❶ 숙성시킨 도다리를 갈라서 펼친 뒤 겉면에 찹쌀가루를 묻혀서 180℃ 기름에 튀긴다. 기름기를 빼고 1㎝ 폭으로 썬다.

❷ ①을 메밀가루 튀일 위에 올린다.

❸ 타르타르소스(재료를 섞는다)를 바른다. 토마토 퐁뒤(설명 생략)를 짜고, 생강칩(쌀에 다진 생강을 넣고 죽처럼 끓인 뒤, 얇게 펴서 건조시킨다. 잘라서 210℃ 기름에 튀긴다)과 마조람을 담는다. 카레가루를 뿌린다.

❹ 접시에 도다리 뼈를 놓고 ③을 담는다.

게살 무침

❶ 대게를 쪄서 살을 발라낸다.

❷ 게살, 성숙 난소, 미성숙 난소에 레몬 소금절임, 다진 에샬로트, 다진 차이브, 마요네즈를 넣어 버무린다.

레몬 소금절임

그린 레몬을 껍질째 슬라이스한 뒤, 8% 분량의 소금을 넣고 3개월 동안 절인다.

콜리플라워 무스

콜리플라워를 다시마 육수로 데치고 믹서기로 간 뒤 고운체에 내린다. 이 퓌레와 휘핑한 생크림(38%)을 2:1 비율로 섞는다. 소금으로 간을 한다.

토마토 & 액젓 거품

토마토워터 ··· 400㎖
액젓 ··· 20㎖
레몬즙 ··· 약 10㎖
유청 ··· 20㎖
달걀흰자가루 ··· 1작은술

재료를 섞어서 블렌더로 거품을 낸다.

삼치와 돼지감자

p.144-145

갑각류 콩소메 줄레

❶ 게나 새우 껍데기를 오븐에 넣고 굽는다. 셀러리와 달걀흰자를 섞고 믹서기로 간다.

❷ 쥐 드 크뤼스타세(Jus de Crustace, 갑각류 육수)에 ①을 넣고 30~40분 끓인다. 위쪽의 국물을 종이로 거른다.

❸ 1.2~1.5% 분량의 젤라틴을 넣고 소금으로 간을 한 뒤, 트레이에 붓고 식혀서 굳힌다.

완성

등딱지에 원형틀로 찍어낸 콩소메 줄레를 놓고 게살을 올린다. 콜리플라워 무스를 얹고, 빵가루 소테와 차이브를 뿌린다. 토마토 & 액젓 거품을 올린다.

삼치 밑손질

❶ 삼치 필레에 사탕무설탕을 섞은 소금을 뿌리고, 2시간 정도 둔다. 물로 씻어서 물기를 제거하고 진공포장하여, 얼기 직전 온도에서 1주일 동안 숙성시킨다.

❷ 볼에 담아 랩을 씌운다. 틈새를 통해 스모크건으로 연기를 넣고 15분 정도 둔다. 이 과정을 다시 1번 반복한다.

❸ 진공포장한 뒤 얼기 직전 온도에서 1주일 동안 숙성시킨다.

돼지감자 소스

돼지감자 퓌레 … 200g

A ⌈ 시로미소 … 30g
　⌊ 마요네즈 … 70g

화이트와인 비네거 … 적당량

　돼지감자 퓌레(에샬로트와 돼지감자를 볶다가 퐁 드 볼라유를 자작하게 부어서 끓인다. 믹서기로 갈아서 체에 내린다)에 A를 섞은 뒤 화이트와인 비네거와 소금으로 간을 한다.

돼지감자 무스

　돼지감자 퓌레(돼지감자 소스 참조)와 휘핑한 생크림(38%)을 2:1의 비율로 섞는다.

완성

❶ 숙성시킨 삼치를 작고 네모나게 썰고, 에샬로트와 다진 차이브를 섞어서 돼지감자 소스로 버무린다. 소금과 화이트와인 비네거로 간을 한다.

❷ 접시에 돼지감자 소스를 바르고 ①을 올린다. 돼지감자 무스를 올리고 돼지감자 슬라이스 튀김을 붙인다. 국화, 차이브, 블랙라임 파우더(라임 표면을 꼬치로 여러 번 콕콕 찌른 뒤, 55℃ 건조기에서 2주 동안 가열한다. 껍질을 향신료 전용 밀로 간다)를 뿌린다.

복어와 백합뿌리

p.146-147

복어 타르타르

복어 다시마절임(작게 깍둑썰기)
    … 60~70g
데친 복어 껍질(다지기) … 조금
트러플(다지기) … 조금
에샬로트(다지기) … 1작은술
차이브(다지기) … 조금
백합뿌리 소스 … 1큰술
트러플오일 … 조금
소금 … 적당량

❶ 〈밑손질〉 복어 필레에 소금을 묻혀서 90
분 동안 둔다. 물로 씻어서 청주로 닦은
다시마 사이에 끼워 진공포장하고, 얼기
직전 온도에서 12시간 동안 절인다. 다
시마를 제거하고 다시 진공포장한 뒤, 얼
기 직전 온도에서 2일 이상 숙성시킨다.
❷ 〈복어 껍질〉 복어 껍질을 데친다. 부드러
운 부분은 타르타르에 사용한다. 나머지
는 55℃ 건조기에 넣고 2일 동안 건조시
켜서 튀긴다.
❸ 〈타르타르〉 재료를 섞는다.

백합뿌리 소스와 무스

❶ 백합뿌리를 다시마 육수로 데쳐서 믹서
기로 간 뒤 고운 체에 내린다.
❷ 〈소스〉 ①에 마요네즈, 화이트와인 비네
거, 소금을 섞는다.
❸ 〈무스〉 ①과 휘핑한 생크림(38%)을 2:1
의 비율로 섞는다.

백합뿌리 즉석 피클

❶ 화이트와인 비네거, 물, 설탕을 섞어서
끓인 뒤 식힌다.
❷ 백합뿌리를 1조각씩 떼어내서 찐다. 소
금을 뿌리고 따뜻할 때 ①에 넣어 절인다

완성

❶ 유리잔(또는 접시)에 백합뿌리 소스를 조
금 깔고, 복어 타르타르와 백합뿌리 무스
를 담는다.
❷ 그라나 파다노 갈레트(그라나 파다노를 갈
아서 프라이팬에 구운 뒤, 적당한 크기로 나
눈 것), 막대모양으로 썬 트러플, 백합뿌
리 즉석 피클, 이탈리안 파슬리 새싹을
올린다. 튀긴 복어 껍질을 곁들인다.

작은 화살꼴뚜기와
땅두릅

p.148-149

작은 화살꼴뚜기 소테

❶ 〈밑손질〉 작은 화살꼴뚜기를 손질하여
몸통을 진공포장하고, 1주일 동안 냉동
한 뒤 해동한다.
❷ 제공할 때는 달군 프라이팬에 올리브오
일을 두르고 ①의 양면을 살짝 굽는다.
❸ 동시에 다진 에샬로트를 파슬리버터
(p.241 「소라 부르기뇽」 참조)로 볶아서,
②를 마무리할 때 넣고 섞는다.

먹물 소스

먹물 소스(p.235)에 20% 분량의 루이유
(p.235)를 넣어 맛을 낸다.

땅두릅 퓌레와 피클

❶ 〈퓌레〉 다진 에샬로트와 얇게 썬 두릅을
올리브오일에 볶다가, 퐁 드 볼라유를 넣
고 끓인다. 믹서기로 갈아서 체에 내린
다. 소금으로 간을 한다.
❷ 〈피클〉 화이트와인 비네거, 소금, 설탕을
섞어서 한소끔 끓인다. 작게 깍둑썬 두릅
(끓는 소금물에 데쳐서 물기를 제거한 것)을
넣고 절인다.

굴

p.150-151

꼴뚜기맛 쌀칩

꼴뚜기 다리를 믹서기로 갈아서 흰죽에 넣고 섞는다. 오븐시트 위에 넓게 펴서 55℃ 건조기에 넣고 2일 동안 건조시킨다. 알맞은 크기로 잘라서 210℃ 기름에 튀긴다.

완성

접시에 지름 8㎝ 원형틀을 놓고, 틀 안쪽에 지름 3㎝ 원형틀을 놓는다. 바깥쪽에 땅두릅 퓌레를 붓고 가운데에는 먹물 소스를 붓는다. 틀을 제거한 뒤 퓌레 위에 꼴뚜기 소테, 땅두릅 피클, 땅두릅잎 블랑시르(잎 끝부분을 데친 것), 꼴뚜기맛 쌀칩을 담는다.

굴 오일절임

굴 … 10개
마늘(껍질 제거) … 1쪽
마가오 … 3알
페드로 히메네스 비네거 … 20㎖
마구로부시 레드와인 소스 … 30~40㎖
레몬향 오일 … 200㎖

❶ 굴 껍데기를 열고(즙은 따로 보관한다) 굴을 빼내서 씻는다.
❷ 굴에 소금을 뿌려서 올리브오일을 두르고 마늘과 함께 볶는다. 중불~센불로 완전히 익힌 뒤 마가오, 페드로 히메네스 비네거, 마구로부시 레드와인 소스를 넣고 끓인다.
❸ 레몬향 오일을 넣은 용기(얼음물을 받친다)에 ②를 넣고 식힌다.
❹ 2주 이상 절인다.

마구로부시 레드와인 소스

다시마 & 멸치 & 채소 육수 … 5 ℓ
레드와인 … 2 ℓ / 마데이라주 … 1 ℓ
마구로부시(얇게 깎기) … 적당량

❶ 〈다시마 & 멸치 & 채소 육수〉 듬성듬성 썬 배추와 얇게 썬 양송이를 건조기에 넣고 말린다. 다시마, 멸치와 함께 물에 넣고 1시간 동안 끓여서 체에 거른다.
❷ 냄비에 레드와인과 마데이라주를 함께 넣고 졸인다. ①을 넣고 살짝 끓인다. 베이스로 사용한다.
❸ 사용할 때는 필요한 분량의 베이스를 불에 올리고, 끓기 전에 5% 분량의 마구로부시를 넣는다. 80℃를 유지하면서 20분 정도 끓이고 체에 거른다.

수제 굴소스

굴 자투리 … 100g
에샬로트(다지기) … 50g
마늘 … 1쪽
A ┌ 페드로 히메네스 비네거 … 50㎖
  └ 굴 오일절임의 오일 … 50㎖

❶ 에샬로트, 마늘, 굴을 올리브오일로 볶다가 A를 넣고 살짝 끓인다.
❷ 믹서기로 갈아서 체에 내린다.

굴맛 쌀칩

흰죽에 수제 굴소스를 적당량 섞은 뒤 오븐시트 위에 펴고, 55℃ 건조기에서 2일 정도 말린다. 알맞은 크기로 잘라서 210℃ 기름에 튀긴다.

토마토 거품

토마토워터에 굴즙(끓여서 사용)과 레몬즙을 넣어 풍미를 더한다. 달걀흰자가루를 넣고 핸드 블렌더로 거품을 낸다.

완성

퀴노아(삶아서 올리브오일로 볶는다)
적양파 피클(다지기)
피스타치오(굵게 다지기)

❶ 굴 오일절임을 살짝 소테해서 데운다.
❷ 굴 껍데기에 퀴노아를 깔고 수제 굴소스를 끼얹는다. ①을 담고 적양파 피클과 피스타치오를 올린다. 굴맛 쌀칩을 꽂고 토마토 거품을 올린다. 셀러리 새싹을 얹는다.

시라스와
화이트 아스파라거스
p.152-153

요리방법

화이트 아스파라거스
생시라스
해초버터[Bordier]
에샬로트(다지기)
차이브(다지기)
수제 굴소스(p.239 참조)
굴맛 쌀칩(p.239 참조)

A | 구운 아몬드(슬라이스)
A | 라임 과육(작게 깍둑썰기)
A | 셀러리 새싹

❶ 화이트 아스파라거스의 겉면을 벗기고, 밑동을 잘라낸다. 끓는 소금물에 8분 동안 데친다. 2~3㎝ 길이로 자른다.

❷ 에샬로트를 해초버터로 볶다가 시라스, 차이브, 소금을 넣고 살짝 볶아서 불을 끈다.

❸ 접시에 수제 굴소스를 조금 붓고 ①과 ②를 담는다. 굴맛 쌀칩과 A를 올린다.

4년산 가리비
p.154-155

가리비 푸알레

❶ 가리비 관자를 1주일 동안 냉동한다.

❷ 해동한 가리비 표면에 격자무늬 칼집을 내고 소금을 뿌린다. 올리브오일을 두른 철판에 한쪽 면을 1분 정도 구운 뒤, 뒤집어서 30초 정도 굽는다. 샐러맨더로 속이 반 정도 익도록 가열한다.

❸ 스푼을 사용해 2~3조각으로 나눈다.

파슬리 풍미 감자 퓌레

❶ 고운체에 내린 삶은 감자와 버터를 냄비에 담고, 마늘을 꽂은 포크로 섞으면서 가열한다. 생크림과 소금을 적당히 넣는다.

❷ ①에 파슬리 퓌레(파슬리를 데쳐서 적당량의 삶은 국물과 함께 믹서기에 넣고 간 것)를 넣는다.

사프란 풍미 루이유

루이유(p.235)에 사프란을 넣는다.

가리비 육수 거품

❶ 가리비 외투막을 오븐에 넣고 굽는다. 냄비에 담고 약 2배 분량의 퓌메 드 푸아송을 넣어, 30~40분 끓여서 체에 거른다.

❷ ①을 따뜻하게 데우고 적당량의 생크림(38%)과 버터를 넣어, 핸드 블렌더로 거품을 낸다.

완성

❶ 가리비 껍데기에 파슬리 풍미의 감자 퓌레를 담고 가리비를 올린다.

❷ 팽이버섯을 튀겨서 가른 것, 사프란 풍미 루이유를 올린다. 가리비 육수 거품을 곁들인다. 마무리로 이탈리안 파슬리 새싹을 뿌린다.

보리새우 소금가마구이
p.156-157

보리새우 소금가마구이

활보리새우 … 2마리
다시마 … 적당량

A | 다시마 육수 … 500㎖
A | 코냑 … 50㎖
A | 시럽(30보메) … 50㎖

B | 암염 … 1kg
B | 박력분 … 50g
B | 달걀흰자 … 100g

❶ A를 섞고 보리새우를 담가서 4~5시간 마리네이드한다.

❷ 마리네이드액에서 보리새우를 건져 껍질 안쪽에 대나무꼬치를 꽂은 뒤, 청주로 닦은 다시마로 감싼다.

❸ B를 섞어서 철판에 펼쳐놓고, ②를 올린 뒤 B로 전체를 감싼다. 빈틈없이 감싸서 소금가마를 만든다.

❹ 220℃ 오븐에서 12분 굽는다.

❺ 샐러맨더로 6분 가열하고, 램프 아래에서 6분 더 휴지시킨다. 소금가마에 쇠꼬치를 꽂아 새우가 익은 정도를 확인한다.

❻ 소금가마에서 보리새우를 꺼내 꼬치를 제거한다.

새우 소금

보리새우 껍질을 소금과 함께 볶아서 물기를 없애고 믹서기로 간다. 분쇄기를 이용해 좀 더 잘게 간다.

소라 부르기뇽

p.158-159

새우 콩소메

❶ 새우를 통째로 토막 내서 오븐에 굽고, 셀러리와 달걀흰자를 섞어서 믹서기에 넣고 간다.

❷ 쥐 드 크뤼스타세(갑각류 육수)에 ①을 넣고 30~40분 끓인다. 맑은 액체를 종이로 거른다. 소금으로 간을 한다.

완성

접시에 새우 소금을 띠처럼 길게 뿌리고, 보리새우를 담는다. 레몬 소금절임 (p.236)과 샐러드(레드 소렐을 비네그레트 소스로 버무린 것)를 곁들인다. 새우 콩소메는 따로 제공한다.

소라 부르기뇽

❶ 소라를 씻어서 다시마를 깐 냄비에 입구가 위로 오게 놓는다. 청주를 붓고 뚜껑을 덮어서 찐다. 껍데기에서 살을 빼내고 간은 따로 보관한다. 살을 한입 크기로 자른다.

❷ 프라이팬에 ①의 살과 파슬리버터(이탈리안 파슬리, 빵가루, 버터를 섞어서 굳힌 것)를 넣고 따뜻하게 데우면서 섞는다.

소라찜 국물 거품

소라찜 국물에 30~40% 분량의 생크림을 넣고 살짝 끓인 뒤 소금으로 간을 한다. 핸드 블렌더로 거품을 낸다.

백합 콩소메

❶ 백합과 다진 에샬로트를 함께 볶다가, 화이트와인을 넣고 끓인다. 껍데기가 열리면 국물을 체에 거른다.

❷ 냄비에 담고 달걀흰자로 맑게 만든 뒤, 면보로 거른다. 사프란을 넣고 소금으로 간을 한다.

산마늘 오일

❶ 산마늘과 E.V.올리브오일을 진공포장한 뒤, 68℃ 물로 가열한다.

❷ 믹서기로 갈아서 체에 내린다.

완성

깍둑썬 바게트
흑미 콩소메 조림
드라이 토마토(오일절임/작게 네모썰기)

❶ 소라 껍데기에 바게트, 흑미 콩소메 조림 (삶은 흑미를 백합 콩소메로 조린 것)을 넣고 소라 부르기뇽과 간을 담는다.

❷ 산마늘 오일을 뿌리고 드라이 토마토와 백합 콩소메를 넣는다. 소라찜 국물 거품을 올린다.

붕장어와 오이

p.160~161

붕장어 구이

❶ 붕장어를 갈라서 펼친다. 필레의 껍질쪽에 뜨거운 물을 부어 점액질을 제거한다.
❷ 필레 여러 장을 붙여서 트레이에 늘어놓는다(껍질이 위로 오도록). 누름돌을 올려서 찐 뒤 식힌다(1장의 시트 상태가 된다).
❸ ②를 지름 8㎝ 원형틀로 찍어낸다. 키친타월로 물기를 제거하고, 올리브오일을 두른 프라이팬에 껍질이 아래로 가도록 올려서 노릇하게 굽는다.

오이 소스

오이 … 1.5개
화이트와인 비네거 … 2작은술
시럽 … 조금
증점제[Gelespessa] … 적당량
레몬향 오일 … 40~50㎖

레몬향 오일 외의 재료와 소금을 믹서기에 넣고 간다. 마지막에 레몬향 오일을 조금씩 넣으면서 섞는다. 식힌다.

오이 즉석 마리네이드

제공하기 직전에 오이를 5㎜ 두께로 둥글게 썰고, 소금을 뿌린 뒤 화이트와인 비네거를 살짝 뿌린다.

매실잼

완숙 매실(1㎏)과 설탕(600g)을 넣고 끓여서 졸인 뒤, 씨를 제거하고 믹서기로 간다.

김

김을 얇고 길게 자른다. 표면에 아이소말트를 뿌리고 샐러맨더로 굽는다.

완성

붕장어 구이를 접시에 담고, 오이 마리네이드를 꽃잎처럼 얹는다. 매실잼을 조금 올리고 김과 딜로 장식한다. 오이 소스를 두른다.

까막전복과 블랙트러플

p.162-163

전복찜 트러플 찹쌀가루 튀김

❶ 전복은 껍데기를 벗기고 손질한다. 관자를 껍데기에 올리고 청주를 뿌린 뒤, 다시마를 씌워서 6시간 정도 찐다. 간은 청주를 뿌려서 따로 찐다.
❷ 〈소스〉 전복찜 국물을 냄비에 담아 절반으로 줄어들 때까지 졸인다. 생크림과 버터를 적당히 넣어 걸쭉하게 만들고, 소금으로 간을 한다.
❸ 찐 전복을 달걀흰자에 담갔다 건져서 전체에 트러플 찹쌀가루를 묻힌다. 다시 달걀흰자에 담갔다 건져서 트러플 찹쌀가루를 묻힌다. 튀겨서 1/2로 자른다.

트러플 찹쌀가루

트러플 껍질과 부스러기 … 150g
소금 … 15~20g
트러플오일 … 적당량
찹쌀가루 … 500g
대나무숯가루 … 적당량

❶ 트러플 껍질과 부스러기, 소금을 푸드프로세서로 간다. 트러플오일을 넣고 다시 가볍게 섞는다.
❷ ①에 찹쌀가루와 대나무숯가루를 섞는다.

자바리 앙슈아야드

p.164-165

트러플을 넣은 돼지감자 크림

❶ 돼지감자 퓌레(에샬로트와 돼지감자를 볶다가 퐁 드 볼라유를 자작하게 부어 끓인 뒤, 믹서기로 갈아서 체에 내린 것)에, 20~30% 분량의 생크림(38%)을 휘핑해서 넣는다.

❷ 트러플(다진 것)과 소금을 넣는다.

완성

❶ 접시에 트러플을 넣은 돼지감자 크림을 바른 뒤, 전복을 올리고 소스를 조금 곁들인다.

❷ 돼지감자 슬라이스 튀김, 간 트러플, 이탈리안 파슬리 새싹을 곁들인다.

자바리 철판구이

❶ 〈밑손질〉 자바리 필레에 소금을 묻히고 30~40분 그대로 둔다. 물로 씻고 물기를 닦는다. 진공포장하여 얼기 직전 온도에서 10~14일 숙성시킨다.

❷ 180g(2인분) 정도로 자른다. 소금을 뿌리고, 올리브오일을 두른 철판에 올려 껍질쪽을 굽는다. 중간에 주걱으로 눌러서 10분 정도 껍질을 노릇하게 구운 뒤, 마지막으로 양쪽 옆면을 살짝 철판에 대고 눌러서 단단하게 익힌다. 샐러맨더로 옮기고(살이 위로 오게 놓는다), 속이 따뜻해질 때까지 가열한다. 다시 껍질쪽을 철판에 구워서 마무리한다.

앙슈아야드 소스

┌ 마늘(다지기) … 1쪽
│ 에샬로트(다지기) … 40g
│ 양송이버섯(다지기) … 40g
A │ 매운 홍고추 … 1개
│ 안초비 필레 … 50g
└ 안초비 통조림 기름 … 적당량
노일리주 … 50㎖
화이트와인 … 50㎖
정어리 콩소메 … 200㎖
생크림(38%) … 100㎖
마요네즈

❶ 〈베이스〉 A를 볶다가, 노일리주와 화이트와인을 차례로 넣고 졸인다. 정어리 콩소메를 넣고 40% 정도로 졸인 뒤, 생크림을 넣어 한소끔 끓인다. 믹서기로 갈아서 체에 내린다. 식힌다.

❷ ①에 마요네즈를 적당량 넣고 섞은 뒤, 소금으로 간을 한다.

정어리 콩소메

등푸른생선 퓌메 … 3ℓ
정어리 뼈 … 약 500g
셀러리 … 100g / 달걀흰자 … 300g

❶ 〈등푸른생선 퓌메〉 정어리, 고등어 등 등푸른생선의 뼈, 또는 숙성에 알맞지 않은 정어리를 통째로 사용한다. 모두 오븐에 굽는다. 냄비에 담고 다시마 육수를 부어 1시간 정도 끓인다. 체에 거른다.

❷ 정어리뼈를 오븐에 굽고 셀러리, 달걀흰자와 함께 믹서기로 간다.

❸ ①에 ②를 넣고 불에 올려 30~40분 끓인다. 위쪽의 맑은 국물을 종이로 거른다.

견과류 타프나드

┌ 잣(굵게 다지기)
│ 아몬드(굵게 다지기)
A │ 케이퍼 초절임(굵게 다지기)
└ 그린올리브(굵게 다지기)
B ┌ 마늘(다지기)
└ 그라나 파다노(갈기)
E.V.올리브오일

A를 대략 같은 비율로 섞고 B를 적당히 넣은 뒤, E.V.올리브오일로 버무린다.

완성

❶ 접시에 앙슈아야드 소스를 붓는다. 구운 자바리를 1/2 두께로 잘라서 담는다. 레몬 제스트 콩피, 자바리 비늘 튀김을 위에 올린다.

❷ 견과류 타프나드와 펜넬 샐러드를 곁들이고 딜을 올린다.

❸ 따뜻하게 데워서 소금으로 간을 한 정어리 콩소메를 따로 제공한다.

삼치, 바지락, 파래

p.166-167

삼치 철판구이

p.167 참조

바지락 육수

바지락(껍데기째) 1㎏에 마늘, 에샬로트
와 셀러리(얇게 썬 것) 적당량을 넣고 올
리브오일로 볶다가, 화이트와인 100㎖
를 넣는다. 알코올이 날아가면 퓌메 드
푸아송 500~600㎖를 넣고 8분 정도
끓인다. 국물을 체에 거르고, 바지락은
살을 발라낸다.

바지락 육수 거품

바지락 육수 … 200㎖

A ┌ 마늘(2등분, 심 제거) … 1쪽
  │ 에샬로트(얇게 썰기) … 1개
  └ 셀러리(얇게 썰기) … 30g

화이트와인 … 50㎖

생크림(38%) … 적당량

A를 올리브오일과 버터로 쉬에하고 화
이트와인을 넣어 졸인 뒤, 바지락 육수를
넣고 1/2로 졸인다. 생크림을 넣고 한소
끔 끓인 뒤 체에 거른다. 간을 하고 블렌
더로 거품을 낸다.

바지락 리소토

버터를 두르고 쌀을 볶다가, 바지락 육수
(물로 농도 조절)를 자작하게 부어서 끓인
다. 그라나 파다노(간 것)와 시금치(다져
서 소테한 것)를 넣고 소금, 후추로 간을
한다. 해초버터[bordier]와 파래를 넣고
섞는다.

완성

❶ 접시에 리소토를 담고 자른 삼치, 금귤
콩포트 퓌레, 셀러리 새싹을 올린다.

❷ 바지락과 방울토마토 콩피를 곁들이고,
파슬리 오일을 두른 뒤, 바지락 육수 거
품을 얹는다.

갈치 뫼니에르

p.168-169

갈치 밑손질

❶ 갈치를 필레로 손질해서 소금을 뿌리고,
15분 정도 그대로 둔다. 물기를 닦고 진
공포장하여 얼기 직전 온도에서 3~4일
숙성시킨다.

❷ ①을 15㎝ 길이로 잘라서 정리한다. 자
투리는 믹서기로 갈아서 고운체에 내려
파르스에 사용한다.

❸ ②의 자른 갈치살로 파르스를 말고 랩으
로 싸서, 60℃ 물로 10분 동안 데친다.

❹ ③에 박력분을 묻히고 올리브오일과 버
터를 두른 프라이팬에 올려 굴리면서 굽
는다. 샐러맨더로 옮겨서 속까지 따뜻하
게 데운다.

파르스

A ┌ 갈치살(갈기) … 100g
  └ 가리비살(갈기) … 100g

B ┌ 달걀흰자 … 45g
  └ 생크림(38% / 휘핑) … 100g

표고버섯 뒥셀 … 30g

❶ 얼음물을 받친 볼에 A를 담고 B를 순서
대로 넣어서 거품기로 섞는다. 소금으로
간을 한다.

❷ ①에 표고버섯 뒥셀을 넣는다.

레드와인 소스

A ┌ 에샬로트(다지기) … 20g
  │ 마데이라주 … 50㎖
  └ 화이트와인 … 30㎖

마구로부시 레드와인 소스(p.239) … 30㎖

A를 냄비에 담아 졸인다. 마구로부시 레
드와인 소스를 넣고 살짝 끓인 뒤, 소금
과 후추로 간을 한다.

꼬투리완두 퓌레

끓는 소금물에 데친 꼬투리완두와 적당
량의 레몬향 오일, 다시마 & 멸치 육수를
믹서기에 넣고 간다.

갈색으로 볶은 양파 가루

❶ 다진 양파를 버터로 2시간 정도 볶아서
진한 갈색을 낸다.
❷ 오븐시트 위에 얇게 펴서 건조기에 넣고,
2일 동안 건조시킨다.
❸ 믹서기로 간다.

완성

❶ 접시에 꼬투리완두 퓌레를 담고 갈치를
놓는다.
❷ 레드와인 소스와 산마늘 오일(p.241)을
두르고, 갈색으로 볶은 양파 가루를 뿌린
다. 꼬투리완두 샐러드를 곁들이고 갈치
위에 레드 소렐을 올린다.

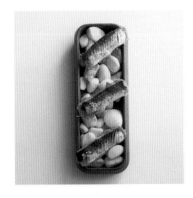

정어리 코카
p.172-173

정어리 마리네이드

정어리

A
- 애플비네거 … 400㎖
- E.V.올리브오일 … 100㎖
- 물 … 100㎖
- 마늘(슬라이스) … 2쪽
- 검은 후추 … 적당량

E.V.올리브오일

❶ 정어리를 갈라서 펼치고 소금으로 15분, A의 마리네이드액으로 5분 마리네이드 한 뒤, E.V.올리브오일을 뿌려서 하룻밤 그대로 둔다.

❷ 등 가운데 부분을 잘라내고, 직사각형으로 다듬어서 껍질에 칼집을 낸다.

파슬리 모호소스

이탈리안 파슬리 잎 … 60g
마늘(데치기) … 10g
빵(토스트) … 3g / 소금 … 5g
E.V.올리브오일 … 200㎖

재료를 섞어서 블렌더로 간다.

코카 빵

A
- 물 … 190㎖
- 생이스트 … 30g
- 버터 … 20g
- 설탕 … 3g

강력분 … 250g / 소금 … 5g
E.V.올리브오일, 말돈 소금

❶ A를 섞어서 42℃로 데운다.

❷ 강력분과 소금을 담은 볼에 ①을 넣어 골고루 섞는다. 젖은 면보를 씌우고 따뜻한 곳에서 40분~1시간 정도 발효시킨다.

❸ 팔레트로 얇게 펴고 E.V.올리브오일을 바른 뒤 말돈 소금을 뿌린다. 160℃ 오븐에서 10~15분 굽는다.

구운 가지 줄레 시트

가지 에스칼리바다* … 150g
E.V.올리브오일 … 100㎖
물 … 50㎖
구운 잣 … 20g
증점제[Gelespessa] … 적당량
소금, 후추 … 적당량씩
젤라틴 … 5g

* Escalivada, 구운 채소.

❶ 〈가지 에스칼리바다〉 가모나스[賀茂ナ ス, 교토산 가지]에 E.V.올리브오일과 소금을 뿌린 뒤, 180℃ 오븐에 넣고 돌려가며 굽는다. 30분 정도 그대로 둔 뒤 껍질을 벗긴다.

❷ ①과 젤라틴 외의 재료를 믹서기에 넣고 간다.

❸ 물에 불린 젤라틴을 냄비에 넣고 가열해서 녹인 뒤 ②와 섞는다.

❹ 바닥이 분리되는 사각틀에 5㎜ 두께로 붓고, 식혀서 굳힌다.

완성

코카 빵에 맞게 자른 구운 가지 줄레 시트를 코카 빵 위에 올리고, 작게 자른 옥살리스를 놓는다. 파슬리 모호소스를 바른 정어리를 얹고 알리섬을 올린 뒤, 접시에 담는다

부드럽게 삶은 문어
먹물칩과 피키요 고추 크레마

p.174-175

문어 밑손질

문어 다리 … 3~4개

A
- 물 … 1ℓ
- 소금 … 20g
- 양파 … 1/2개
- 정향(양파에 꽂기) … 2개
- 월계수잎 … 1장
- 코르크(문어 색을 내기 위해) … 1개

❶ 문어는 전분가루와 소금을 뿌려 주물러서 씻고, 3일간 냉동 → 저온 냉장고에서 해동 → 3일간 냉동 → 냉장해동한다.

❷ 문어 다리가 들어갈 정도의 냄비에 A를 넣고 끓인다. 문어 다리를 45분 정도 삶는다(과정은 p.175 참조). 냄비째 식힌다.

먹물칩

쌀 … 350g
물 … 1.5ℓ
먹물 페이스트 … 적당량

❶ 모든 재료를 냄비에 담아 20분 동안 끓인다. 20분 정도 그대로 둔 뒤 믹서기로 갈고, 조금씩 얇게 펴서 따뜻한 곳에 두고 말린다.

❷ ①을 크기가 다른 국자 사이에 넣고, 200℃ 기름에 넣어 튀긴다.

브란다다 부뉴엘로

p.176-177

피키요 고추 크레마

피키요 고추, 같은 양의 버터(포마드 상태), 1% 분량의 말돈 소금을 믹서기에 넣고 간다.

완성

먹물칩에 소금을 뿌리고 피키요 고추 크레마를 짜서 2겹으로 겹친 뒤, 둥글게 썬 문어를 올린다. 옥살리스를 곁들인다.

브란다다

염장 대구(소금 제거) … 250g
마늘(심 제거한 뒤 슬라이스) … 25g
E.V.올리브오일 … 70㎖
생크림(35%) … 적당량(약 25㎖)

❶ 염장 대구는 물에 담가 4℃ 이하의 냉장고에 넣고 소금기를 제거한 뒤 사용한다. 껍질째 깍둑썬 뒤 냄비에 담고, 물을 자작하게 부어서 약불로 가열한다. 물 온도가 54℃가 되면 건져낸다. 살은 손으로 풀어주고 껍질은 제거한다.
❷ 동시에 다른 냄비에 마늘 슬라이스와 E.V.올리브오일을 넣고 가열하여, 마늘이 갈색이 되면 체에 거른다.
❸ ①, ②를 핸드 블렌더로 유화시킨다. 생크림을 넣고 소금으로 간을 한 뒤, 지름 3㎝ 반구형 틀에 부어 냉동한다.

부뉴엘로 반죽

박력분 50g, 인스턴트 드라이이스트 7g, 미지근한 물 120㎖를 섞어서, 따뜻한 곳에 두고 발효시킨다.

레몬 아이올리

E.V.올리브오일 180㎖, 달걀 1개, 레몬즙 10㎖, 마늘 조금, 소금·후추 적당량을 핸드 블렌더로 갈아서 유화시킨다.

완성

❶ 냉동한 반구형 대구를 이쑤시개에 꽂아서 박력분을 묻히고, 부뉴엘로 반죽에 담근다. 200℃ E.V.올리브오일로 튀긴다.
❷ 기름기를 제거한 뒤 소금을 뿌린다. 이쑤시개를 빼서 레몬 아이올리를 얹고 펜타스(Pentas)꽃을 올린 뒤, 그릇에 담는다.

아귀 간 콩피타도
카피르 라임 머랭
p.178-179

아귀 간 콩피타도

아귀 간

A
┌ 에샬로트(슬라이스) … 1/2개
│ 마늘(슬라이스) … 1/2쪽
│ 매운 홍고추 … 조금
│ 게랑드 소금 … 5g
│ E.V.올리브오일 … 400㎖
└ 셰리주(크림) … 130㎖

❶ 적당히 자른 아귀 간을 45℃의 흐르는 물에 5분 동안 담가둔다. 얇은 껍질을 벗기고, 양손으로 눌러서 핏물이 나오면 따뜻한 물로 씻어낸다. 눌러도 핏물이 나오지 않을 때까지 반복한다.

❷ A와 ①의 아귀 간을 버미큘라 라이스팟에 담는다. 오븐시트로 만든 오토시부타를 덮고 가열해서, 60℃가 되면 아귀 간을 뒤집고 80℃로 20분 더 가열한다. 라이스팟에 담은 채로 식힌다.

카피르 라임 머랭

카피르 라임 잎 … 8장
물 … 150㎖
아이소말트 … 50g
설탕 … 40g
달걀흰자가루 … 15g

❶ 카피르 라임 잎과 물을 냄비에 담고 가열하여 끓으면 불을 끈다. 비닐랩을 씌워 15분 정도 향을 추출한다.

❷ 아이소말트와 설탕을 냄비에 담아 캐러멜라이즈한 뒤, ① 50㎖를 넣는다.

❸ ① 100㎖와 달걀흰자가루를 스탠드믹서기에 넣고 휘핑한 뒤, ②를 넣고 계속 휘핑해서 이탈리안 머랭을 만든다.

❹ 둥글게 짜서 50℃ 건조기에 넣고 건조시킨다.

참깨 가라피냐도

설탕 40g과 물 60㎖를 118℃로 가열하고, 볶은 참깨 100g을 넣어 섞는다. 보슬보슬해지면 다시 불에 올려 캐러멜라이즈한 뒤, 실리콘 시트에 펼쳐서 식힌다.

완성

카피르 라임 머랭의 표면을 그레이터로 평평하게 다듬고(안정적으로 담기 위해), 자른 아귀 간 콩피타도를 올린다. 참깨 가라피냐도를 잘게 부숴서 올리고, 알리숨을 얹어서 접시에 담는다.

찬구로 수플레
p.180-181

털게 밑손질

털게 입에 비네거를 부어 숨을 끊는다(데칠 때 물을 마셔서 게살이 싱거워지는 것을 막기 위해). 진한 소금물로 삶는다(1㎏이면 25분 정도). 게살을 모두 꺼내서 풀어준다.

갈색으로 조린 양파

양파를 푸드프로세서로 간 뒤, 같은 양의 물과 적당량의 E.V.올리브오일을 함께 넣고, 갈색으로 변할 때까지 1시간~1시간 반 정도 조린다.

꽃게를 넣은 해산물 수프

꽃게 … 5마리
랑구스틴 머리 … 1㎏

A
┌ 양파 … 500g
│ 당근 … 200g
│ 셀러리 … 150g
└ 리크 … 150g
브랜디 … 조금
생선 육수 … 5ℓ
빵(토스트) … 200g

❶ 갑각류를 잘게 부숴서 볶는다. 다른 냄비에 볶은 A의 향미채소(2㎝ 깍둑썰기)를 넣고 섞는다.

❷ 브랜디를 뿌려서 플랑베하고, 생선 육수(생선 뼈, 양파, 파슬리 줄기, 화이트와인, 물을 넣고 30분 끓여서 거른 것)를 붓는다.

❸ 끓으면 거품을 걷어내고 빵을 넣어 15분 동안 끓인다. 위에 뜬 빵을 핸드 블렌더로 갈아서 섞는다.

❹ 꾹꾹 누르면서 체에 거른다.

토마토소스

양파, 피망, 마늘을 볶고 화이트와인을 부어 알코올을 날린 뒤, 홀토마토와 생햄 뼈를 넣고 끓인다. 소금, 후추로 간을 한다. 뼈를 제거하고 믹서기로 간다.

털게 조림

삶은 털게살, 내장 … 200g
갈색으로 조린 양파 … 50g
브랜디 … 적당량
꽃게를 넣은 해산물 수프 … 400㎖
토마토소스 … 200g
빵가루 … 적당량

❶ 갈색으로 조린 양파를 데우고 브랜디로 플랑베한다. 꽃게를 넣은 해산물 수프와 토마토소스를 넣는다.
❷ 삶은 털게살과 내장을 넣고 살짝 끓인 뒤, 빵가루로 농도를 조절한다. 소금으로 간을 한다.

수플레 반죽

달걀 175g과 설탕 12g을 섞어서 충분히 거품을 내고, 꿀 12g, 물 175㎖, 체로 친 강력분 250g(+ 소금 4g)을 넣고 섞는다. 에스푸마 사이펀에 넣는다.

마요네즈

달걀 1개, 꽃게를 넣은 해산물 수프 50㎖, E.V.올리브오일 200㎖, 소금 적당량을 볼에 넣고 블렌더로 유화시킨다.

완성

❶ 털게 조림을 넣은 수플레를 철판에 올려서 굽는다(과정은 p.181 참조).
❷ ①에 마요네즈를 올려 접시에 담는다.

매오징어와
갈색 양파 플랑
그릴 양파 콩소메

p.182-183

오징어 구이

매오징어를 살짝 데쳐 토치로 굽는다.

그릴 양파 콩소메

❶ 양파 위아래를 잘라내고 윗면에 십자 모양 칼집을 낸 뒤, E.V.올리브오일을 얇게 바른다. 오일을 바른 면이 아래로 가도록 그릴팬에 올려서 굽는다. 중간에 90도씩 방향을 돌려주고, 반대 면도 굽는다.
❷ 내열용기에 가지런히 담아 비닐랩을 씌우고 구멍을 몇 군데 뚫은 뒤, 115℃ 오븐에 넣고 6시간 가열한다. 체에 내린다.

갈색으로 조린 양파 플랑

베이스 … 115㎖
└ 갈색으로 조린 양파 / 치킨 콩소메
우유 … 50㎖ / 달걀 … 1개

❶ 〈베이스〉 갈색으로 조린 양파(p.248)와 3배 분량의 치킨 콩소메를 믹서기에 넣고 간다. 체에 내린다.
❷ 재료를 섞는다. 접시에 붓고 90℃ 스팀 컨벡션 오븐에서 10분 동안 가열한다.

완성

플랑 위에 구운 매오징어를 올린다. 구운 호두를 뿌리고 방울토마토 콩피(가로로 2등분해서 E.V. 올리브오일, 마늘 슬라이스, 타임을 올리고, 소금과 슈거 파우더를 뿌린 뒤 85℃ 오븐에서 가열한 것)를 곁들인다. 그릴 양파 콩소메를 끓여서 소금으로 간을 한 뒤 끼얹는다. E.V.올리브오일을 살짝 떨어뜨린다.

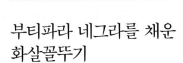

부티파라 네그라를 채운
화살꼴뚜기
걸쭉한 먹물 소스

p.184-185

부티파라 네그라

❶ 돼지 기타 부위 및 내장류(얼굴 껍질, 혀, 뽈살, 목연골, 허파, 위, 염통)를 씻어서, 소금과 식초를 넣은 물에 하룻밤 담가둔다. 깨끗이 씻고 부드러워질 때까지 삶는다.
❷ ①을 다져서 돼지등지방 소금절임(깍둑썰기), 돼지피, 소금(총량 1㎏당 20g), 흰 후추와 검은 후추(1㎏당 2g씩)를 섞는다.
❸ 테린 틀에 넣고 알루미늄포일을 씌워, 160℃ 오븐에서 45분~1시간 정도 중탕으로 굽는다.

꼴뚜기 밑손질

❶ 화살꼴뚜기는 껍질을 벗기고 내장을 제거한 뒤, 3일 냉동하고 냉장고에서 해동한다(부드럽게 만드는 과정).
❷ 철판에서 표면을 살짝 굽는다.
❸ 전자레인지에 살짝 데워서 부드럽게 만든 부티파라 네그라를 꼴뚜기 몸통에 채우고, 일단 냉장고에 넣어둔다.

다음 페이지에 이어서 ➲

가다랑어 아 라 브라사

p.186-187

먹물 소스

화살꼴뚜기 자투리 ··· 400g

A
- 토마토 ··· 200g
- 피망 ··· 3개
- 갈색으로 조린 양파(p.248) ··· 70g
- 마늘 ··· 20g
- 이탈리안 파슬리 ··· 10g
- 셰리주(피노) ··· 150㎖

먹물 페이스트 ··· 적당량
대나무숯가루 ··· 적당량
물 ··· 1.5ℓ / 쌀 ··· 30g
타피오카 전분가루 ··· 적당량

❶ 냄비를 고온으로 달구고 E.V.올리브오 일을 두른 뒤, 화살꼴뚜기 자투리를 넣고 재빨리 볶는다.

❷ A를 블렌더로 갈아 퓌레 상태로 만들어 서 넣고 20분 정도 끓인다.

❸ 먹물 페이스트와 대나무숯가루를 넣어 섞고 뜨거운 물과 쌀을 넣은 뒤, 끓기 시 작하면 15분 더 끓인다. 믹서기로 갈아 서 고운 시누아로 내린다.

❹ 소금으로 간을 하고 전분물을 넣어 걸쭉 하게 만든다. 셰리주(분량 외)를 넣는다.

완성

❶ 부티파라 네그라를 채운 화살꼴뚜기를 둥글게 썰어서, 한쪽 면에 세몰리나가 루를 묻힌다. 철판에 오븐시트를 깔고 E.V.올리브오일을 두른 뒤, 세몰리나가 루를 묻힌 면이 아래로 가게 올려서 굽는 다. 어느 정도 익으면 뒤집는다. 샐러맨 더로 구워 마무리한다.

❷ 접시에 ①을 담고 먹물 소스를 두른 뒤 생성게알을 올린다.

가다랑어 아 라 브라사

❶ 가다랑어는 3장뜨기하고 한쪽 살을 등 과 배로 나눠서 토막 낸다. 지아이를 제거 한다.

❷ 토막 낸 살을 껍질이 아래로 가게 놓고, 위쪽의 볼록한 부분을 잘라서 평평하게 정리한다. 가마 부분은 그대로 둔다.

❸ 꼬치를 꽂고 소금을 뿌린다. 포도나무 가 지를 올려서 불을 붙인 화로에서 껍질쪽 을 50초 정도 구운 뒤, 뒤집어서 살쪽을 살짝 굽는다.

❹ 껍질쪽이 아래로 가게 도마로 옮겨서, 꼬 치를 뽑는다. 약 1.5㎝ 폭으로 자른다.

훈제양파 크림소스

양파는 껍질째 물에 넣고 끓여서 1겹씩 벗겨낸다. 3분 정도 연기를 쏘여서 훈제 한다. 훈제 양파 120g에 생크림(35%) 24㎖, E.V.올리브오일 12㎖, 소금, 후추 적당량씩을 넣고 믹서기로 간다.

긴디야 소스

긴디야 초절임(국물 제거) ··· 1병
양파 ··· 10g
셀러리 ··· 10g
오이 ··· 6㎝ 분량
마늘 ··· 1쪽
이탈리안 파슬리 ··· 3g
빵 ··· 40g을 물 150㎖로 불린 것
씨겨자 ··· 6g
E.V.올리브오일 ··· 100㎖
소금, 후추 ··· 적당량씩
증점제[Gelespessa] ··· 조금

양파와 긴디야 양념

양파, 긴디야, 이탈리안 파슬리를 각각 다져서 섞은 뒤, 소금과 E.V.올리브오일 로 간을 한다.

완성

훈제양파 크림소스와 긴디야 소스(재료를 믹서기로 갈아서 체에 내린 것)를 접시에 담 고, 가다랑어를 올린다. 양념을 곁들인다.

랍스터 쿠라도

p.188-189

랍스터 쿠라도

❶ 랍스터를 40초 정도 데친 뒤 껍질에서 살을 빼낸다.

❷ 라임 제스트를 갈아서 섞은 굵은 소금을 트레이에 깔고 면보를 올린 뒤, ①을 놓고 위에도 면보와 소금을 덮는다. 45분 동안 냉장고에 넣어둔다.

❸ 스티로폼 케이스에 히말라야 암염 덩어리를 넣고 철망을 올린다. 소금에서 꺼낸 ②를 올리고 항온고습기(습도 80%, 3℃ 이하)에 넣어 하룻밤 숙성시킨다.

차가운 랍스터 콩소메

❶ 토막 낸 랍스터 머리와 같은 양의 다시마 육수를 믹서기에 넣고 갈아서 진공포장한 뒤, 90℃ 컨벡션오븐에서 15~25분 가열한다.

❷ 면보로 걸러서 냄비에 넣고, 10% 분량의 달걀흰자와 소금을 조금 넣어 맑게 만든다. 도톰한 키친타월로 걸러서 식힌다.

완성

숙성시킨 랍스터를 토치로 살짝 구운 뒤 둥글게 썬다. 접시에 담고 차갑게 식힌 랍스터 콩소메를 붓는다. 미니 바질을 곁들이고 E.V.올리브오일을 떨어뜨린다.

아몬티야도로 찐 모란새우

모란새우와 소브라사다 에멀션

p.190-191

모란새우 찜

모란새우는 껍질을 벗기고 대나무 꼬치를 꽂는다. 아몬티야도를 붓고 가열한 찜기에 넣어 2분 동안 찐다.

모란새우 육수

모란새우 머리 250g, 갈색으로 조린 양파(p.248) 20g, 셰리주(크림) 25㎖, 물 250㎖를 믹서기에 넣고 갈아서, 한소끔 끓인 뒤 면보로 거른다.

수제 소브라사다

이베리코 돼지 살코기(항정살, 목살)와 돼지 등지방을 다져서 섞고, 파프리카 파우더(단맛과 매운맛), 소금, 후추로 간을 해서 굵은 케이싱에 채운다. 4℃ 정도의 냉장고(챔버)에서 2주 동안 숙성시킨다.

모란새우와 소브라사다 에멀션

모란새우 육수 150㎖를 끓이고, 수제 소브라사다 50g을 풀어서 섞는다. E.V.올리브오일 100㎖를 넣고, 핸드 블렌더로 유화시켜서 체에 거른다. 소금으로 간을 한다.

코코넛워터 거품

코코넛워터에 레몬 제스트 간 것, 파프리카 파우더(매운맛), 대두 레시틴을 적당량씩 넣고 핸드 블렌더로 거품을 낸다.

완성

에멀션을 접시에 담고 모란새우와 데친 화이트 아스파라거스를 올린다. 그린 올리브와 코코넛워터 거품을 곁들이고, E.V.올리브오일을 살짝 떨어뜨린다.

라드향을 입힌 랑구스틴
따뜻한 비나그레타

p.192-193

라드향을 입힌 랑구스틴

랑구스틴의 머리와 껍질을 분리하고 트레이에 올린 뒤, 라드로 전체를 덮어 냉장고에 하룻밤 넣어둔다. 제공할 때는 230℃ 오븐에서 2~3분 가열한다.

따뜻한 비나그레타

돼지 목연골(깍둑썰기) … 200g
리크(네모썰기) … 200g
매운 홍고추 … 조금
랑구스틴 머리 … 500g
A ┌ 셰리비네거 … 150㎖
  └ 셰리주(피노) … 50㎖
미네랄워터 … 2ℓ
부케가르니
쌀 … 50g
달걀흰자 … 액체 분량의 10%

❶ 돼지 목연골을 살짝 색이 나도록 볶다가, 리크와 붉은 고추를 넣어 볶는다. A를 부어 알코올을 날린다.
❷ 랑구스틴 머리를 E.V.올리브오일로 버무린 뒤 달군 냄비에 넣고 볶는다. ①을 넣고 뜨거운 물을 부은 뒤 부케가르니, 쌀, 소금을 넣는다. 끓으면 거품을 걷어내고 15분 동안 끓인다. 굵은 시누아와 고운 시누아로 거른다.
❸ ②를 냄비에 담고 살짝 휘핑한 달걀흰자를 넣어 80℃까지 계속 저어준다. 끓으면 가운데에 구멍을 내고 약불로 낮춘 뒤, 10~15분 더 끓여서 맑은 국물을 만든다. 면보로 거른다.

랑구스틴 마요네즈

랑구스틴 머리 … 1kg
  ┌ 갈색으로 조린 양파(p.248) … 70g
  │ 토마토 … 500g
A │ 이탈리안 파슬리 … 5g
  │ 마늘 … 30g
  └ 셰리주(크림) … 100㎖
물 … 1.5ℓ
  ┌ 애플사이더 비네거 … 10㎖
  │ E.V.올리브오일 … 30㎖
B │ 증점제[Gelespessa] … 1.5g
  │ 소금, 후추 … 적당량씩
  └ 이탈리안 파슬리(다지기) … 적당량

❶ 랑구스틴 머리를 E.V.올리브오일로 볶은 뒤, 블렌더로 간 A를 넣고 졸인다. 물을 부어 계속 가열하고, 끓기 시작하면 15분 더 끓여서 거른다.
❷ ① 50g에 B를 넣고 블렌더로 섞는다.

완성

접시에 쿠스쿠스(같은 양의 따듯한 물로 불린 쿠스쿠스, 잘게 썬 당근, 삶은 꼬투리완두, 생햄을 섞은 뒤, 소금, E.V.올리브오일을 넣고 간을 한 것)와 감자 퓌레(감자를 삶아 으깨고 35% 생크림과 버터를 조금 넣어 맛을 낸 것)를 담고 랑구스틴을 올린다. 랑구스틴 마요네즈를 붓고 비올라꽃을 올린다. 테이블에서 따뜻한 비나그레타를 두르고 제공한다.

장어 숯불구이와
아로스 아 반다

p.194-195

장어 밑손질

장어를 갈라서 펼치고 껍질쪽에 뜨거운 물을 부어 점액질을 제거한다. 니퍼 타입의 손톱깎이로 뼈를 자른다(숯불구이 과정은 p.195 참조).

장어 육수

장어 머리와 뼈 … 약 10마리 분량
A ┌ 참돔 뼈 … 2kg / 닭날개 … 200g
  └ 돼지 등갈비 … 500g
  ┌ 리크(2cm 네모썰기) … 1/2개
B │ 당근(2cm 깍둑썰기) … 1.5개
  └ 양파(2cm 깍둑썰기) … 2개
마늘(껍질째 가로로 2등분) … 1통
  ┌ 정숫물 … 4ℓ
  │ 토마토 … 1개
C │ 병아리콩(물에 불리기)
  │   … 1kg(불리기 전)
  └ 뇨라(물에 불리기) … 2개

❶ 장어 머리와 뼈는 숯불로 굽는다.
❷ A를 180℃ 오븐에 넣고 갈색이 날 때까지(약 30분) 굽는다.
❸ B의 향미채소와 마늘을 큰 냄비에 넣고 E.V.올리브오일을 둘러서 볶는다. ①을 넣고 볶는다.
❹ ②를 ③에 넣는다. 각각의 팬(고기에서 배어나온 지방은 제거)에 뜨거운 물을 조금씩 붓고, 눌어붙은 감칠맛 성분을 긁어서 냄비에 넣는다.
❺ C를 넣어 끓으면 거품을 걷어내고 30분 끓인다. 불을 끄고 1시간 그대로 둔 뒤, 굵은 시누아와 고운 시누아로 거른다(재료를 세게 누르면서 거르지 않는다).

실꼬리돔 플란차
사프란 콩소메, 판체타와 창꼴뚜기를 채운 주키니꽃
p.196-197

아로스 아 반다

소프리토 … 1작은술(듬뿍)

	파프리카 파우더(단맛) … 적당량
	사프란(포일로 싸서 오븐에 데우기)
A	… 5가닥
	간 토마토 … 1큰술
	봄바쌀 … 28g

장어 육수 … 200㎖

❶ 파에야 팬(바닥지름 16㎝)에 E.V.올리브오일을 두르고 소프리토(양파와 초록 피망, 빨간 피망을 다져서 볶은 것)를 넣어서 볶는다.

❷ A를 ①에 넣고 볶는다.

❸ 장어 육수를 붓고 소금을 뿌린다. 끓으면 약불로 줄여서 10분 더 가열하고, 불을 조금 키워서 4분 정도 가열한 뒤, 다시 센불로 2~3분 가열해서 완성한다.

완성

아로스 아 반다, 둥글게 자른 오이고추, 장어 숯불구이 토막을 버무려서 그릇에 담는다. 차이브꽃 등을 곁들인다.

실꼬리돔 플란차

❶ 실꼬리돔을 3장뜨기하고 소금을 뿌린다. 안쪽이 마주 닿도록 2장을 맞춰서 붙이고, E.V.올리브오일을 발라서 진공팩에 넣는다.

❷ 62℃ 물에 4~5분 가열한 뒤 꺼내서 2분 정도 휴지시킨다.

❸ 철판에 오븐시트를 깔고 E.V.올리브오일을 두른 뒤 ②를 올린다. 1분 30초 정도 굽고, 뒤집어서 1분 정도 굽는다.

판체타와 창꼴뚜기를 채운 주키니꽃

에샬로트(다지기) … 40g

마늘(다지기) … 조금

피망(다지기) … 40g

판체타(막대썰기) … 50g

양송이(슬라이스) … 100g

창꼴뚜기 … 적당량

달걀 … 30g

빵가루 … 적당량

주키니꽃

❶ 냄비에 E.V.올리브오일을 두르고 에샬로트와 마늘을 넣어 투명해질 때까지 볶는다. 피망, 판체타, 양송이를 순서대로 넣고 볶는다. 소금과 후추를 뿌린다. 푸드 프로세서로 굵게 갈아서 페이스트를 만든다.

❷ ①의 절반 분량의 창꼴뚜기를 잘게 다져서, E.V.올리브오일을 넣고 버무린다. 센불에서 재빨리 소테한다.

❸ ②를 ①에 섞고 후추, 달걀, 빵가루를 넣어서 식힌다.

❹ 주키니꽃에 ③을 채우고 4분 30초 정도 찐다. 표면에 E.V.올리브오일을 바른다.

실꼬리돔과 사프란 콩소메

실꼬리돔 뼈 … 2kg

	양파(슬라이스) … 850g
A	리크(슬라이스) … 90g
	마늘(껍질째 가로로 2등분) … 1통

토마토(6등분) … 1kg

사프란 … 12가닥

	타임 … 2줄
	월계수잎 … 1장
B	물 … 3ℓ
	게랑드 소금 … 30g

달걀흰자 … 액체 분량의 10%

❶ E.V.올리브오일을 두르고 A를 볶는다. 토마토를 넣고 볶는다.

❷ 실꼬리돔 뼈를 넣고 볶는다. 사프란(포일로 싸서 오븐에 넣고 몇 분 정도 데워서 향을 낸 것)과 B를 넣고 30분 동안 끓인 뒤 체에 거른다.

❸ p.252 「따뜻한 비나그레타」의 ③과 같은 방법으로 국물을 맑게 만들어서 콩소메를 완성한다.

다음 페이지에 이어서 ➲

고토열도의
자연산 자바리 아도바도
p.198-199

홋카이도산 홍살치 수킷
p.200-201

실꼬리돔 내장 페이스트

❶ 다진 에샬로트를 볶다가 실꼬리돔 내장
(알 제외)을 넣어 볶는다. 브랜디로 플랑
베하고 간 토마토를 넣어 졸인다.
❷ ①을 E.V.올리브오일, 물, 블랙올리브와
함께 믹서기에 넣고 갈아서, 소금과 후추
로 간을 한다.

스다치 풍미 거품

스다치식초 2 : 물 1, 대두 레시틴 적당
량을 넣고 핸드 블렌더로 거품을 낸다.

완성

구운 실꼬리돔과 주키니 꽃을 접시에 담
는다. 내장 페이스트와 스다치 풍미 거
품, 보리지(Borage) 새싹을 곁들인다. 테
이블에서 콩소메를 부어 제공한다.

아도보액

토마토(갈기) … 400g
빵(토스트) … 24g
파프리카 파우더(단맛과 매운맛) … 6g씩
마늘 … 2쪽(약 20g)
커민 … 2g
E.V.올리브오일 … 150㎖
비네거[Cabernet Sauvignon] … 20㎖

토마토를 1/2 분량으로 졸이고, 다른 재
료와 함께 믹서기에 넣고 간다.

자바리 아도바도

❶ 5일 이상 재운 자바리를 2인분 이상의
크기로 자르고 꼬치를 꽂는다. 소금물
(3.5%)을 분사한다. 잠시 상온에 둔다.
❷ 아도보액을 자바리에 바르고 상온에서
1시간 이상 재운 뒤, 굽기 5~10분 전에
화로 가장자리로 옮긴다. 숯불 위로 옮겨
서 굽고, 중간중간 뒤집어주며 아도보액
을 덧바른다.
❸ 잠시 그대로 두었다가 자른다.

완성

접시에 흑마늘 퓌레(흑마늘에 같은 분량의
끓인 생크림을 넣고 블렌더로 간 것)를 담
는다. 잘라서 말돈 소금을 뿌린 자바리를
올리고, 잎채소 부케를 곁들인다.

홍살치 숯불구이

숯불에 굽는 과정은 p.201 참조.

홍살치 육수

홍살치 머리와 뼈 … 1㎏
쌀 … 60g
┌ 갈색으로 조린 양파(p.248) … 80g
│ 토마토 … 4개
A│ 마늘 … 1쪽
│ 이탈리안 파슬리 … 조금
│ 셰리주(드라이) … 100㎖
└ 셰리주(스위트) … 100㎖
물 … 2ℓ

❶ E.V.올리브오일을 두르고 홍살치 머리와
뼈를 볶다가 쌀을 넣는다.
❷ A를 블렌더로 갈아서 퓌레로 만들고, ①
에 넣어 물기가 없어질 때까지 조린다.
❸ 뜨거운 물을 붓고 20분 끓인 뒤 소금으
로 간을 한다. 체에 거른다.

구운 가지 퓌레

가지를 구워서 껍질을 벗기고 15% 분량
의 생크림과 15% 분량의 E.V.올리브오
일을 넣어 블렌더로 간다.

옥돔 비늘 구이
카레 풍미 바스크 시드라 소스
p.202-203

돼지감자 훈제 퓌레

돼지감자는 껍질째 E.V.올리브오일을 바르고 알루미늄포일로 싸서, 180℃ 오븐에 넣고 굽는다. 껍질을 벗기고 30% 분량의 생크림과 함께 믹서기에 넣고 간 뒤, 스모크건으로 향을 낸다.

완성

2가지 퓌레를 접시에 담고 홍살치를 올린 뒤 어린잎 채소 믹스를 곁들인다. 테이블에서 육수를 부어 제공한다.

옥돔 비늘 구이

❶ 옥돔을 갈라서 펼치고 탈수시트로 감싸서 4~5시간 그대로 둔다. 꼬치를 꽂고 소금물(3.5%)을 양면에 분사한다. 비닐랩을 씌워 1시간 정도 그대로 두고 흡수시킨다.

❷ 200℃로 가열한 기름을 여러 번 뿌려서 비늘을 세운다.

❸ 비늘쪽이 아래로 가도록 화로에 올려 굽는다(약 4분). 중간에 가름을 2번 분사한다. 뒤집어서 살쪽을 1분 구운 뒤 자른다. 비늘쪽에 말돈 소금을 뿌린다.

카레 풍미 바스크 시드라 소스

에샬로트(다지기) … 90g
E.V.올리브오일 70㎖
초록사과(깍둑썰기) … 120g
카레가루 … 1.5g
시드라(바스크산 시드르) … 100㎖
생선 육수 … 250㎖
생크림(35%) … 15㎖
버터 … 5g

❶ 에샬로트와 E.V.올리브오일을 가열하여 콩피 상태로 만든다.

❷ 초록사과를 넣고 1분 정도 볶다가, 카레가루와 시드라를 넣고 살짝 끓인다.

❸ 뜨겁게 데운 생선 육수(생선 뼈 2㎏, 물 2ℓ, 다시마 15㎝, 청주 500㎖를 30분 동안 끓여서 거른 것)를 붓는다. 소금을 1꼬집 넣는다. 끓기 시작하면 10분 더 끓인다.

❹ 생크림과 버터를 넣고 2분 동안 가열한 뒤 믹서기에 넣고 갈아서 체에 내린다.

레몬 & 생강 풍미 거품

레몬즙 100㎖, 생강즙 30㎖, 물 300㎖, 대두 레시틴 적당량을 넣고 핸드 블렌더로 거품을 낸다.

완성

소스를 접시에 붓고 옥돔을 담는다. 레몬 & 생강 풍미 거품과 차즈기꽃을 곁들이고, 그린 아스파라거스 슬라이스를 둥글게 말아서 올린다.

해산물 가스트로노미

펴낸이 유재영 | **펴낸곳** 그린쿡 | **엮은이** 시바타쇼텐 | **옮긴이** 용동희
기 획 이화진 | **편 집** 박선희 | **디자인** 임수미

1 판 1 쇄 2024 년 7 월 10 일
1 판 2 쇄 2024 년 11 월 22 일
출판등록 1987 년 11 월 27 일 제 10-149
주소 04083 서울 마포구 토정로 53 (합정동)
전화 324-6130, 6131 **팩스** 324-6135

E 메일 dhsbook@hanmail.net
홈페이지 www.donghaksa.co.kr · www.green-home.co.kr
페이스북 www.facebook.com / greenhomecook
인스타그램 www.instagram.com/__greencook/

ISBN 978-89-7190-887-7 13590

• 이 책은 실로 꿰맨 사철제본으로 튼튼합니다.
• 잘못된 책은 구매처에서 교환하시고, 출판사 교환이 필요할 경우에는 사유를 적어 도서와 함께 위의 주소로 보내주세요.

일본어판 스태프
촬영_ 天方晴子 / 아트 디렉션·디자인_ 吉澤俊樹 (ink in inc) / 취재 (ZURRIOLA)·교정_ 渡辺由美子 / 취재·편집_ 木村真季 (柴田書店)

옮긴이 용동희
다양한 분야를 넘나들며 활동하는 푸드디렉터. 메뉴 개발, 제품 분석, 스타일링 등 활발한 활동을 이어가고 있다.
현재 콘텐츠 그룹 CR403에서 요리와 스토리텔링을 담당하고 있으며, 그린쿡과 함께 일본 요리책을 한국에 소개하는 요리 전문 번역가로도 활동하고 있다.